U0283648

大型工程
技术风险控制要点

中国建材工业出版社

图书在版编目（CIP）数据

大型工程技术风险控制要点／中国建材工业出版社编. --北京：中国建材工业出版社，2018. 8

ISBN 978-7-5160-2236-8

Ⅰ. ①大…　Ⅱ. ①中…　Ⅲ. ①建筑工程—安全管理
Ⅳ. ①TU714

中国版本图书馆 CIP 数据核字（2018）第 180888 号

大型工程技术风险控制要点

出版发行：中国建材工业出版社
地　　址：北京市海淀区三里河路 1 号
邮　　编：100044
经　　销：全国各地新华书店
印　　刷：北京鑫正大印刷有限公司
开　　本：880mm×1230mm　1/32
印　　张：4
字　　数：100 千字
版　　次：2018 年 8 月第 1 版
印　　次：2018 年 8 月第 1 次
定　　价：22.00 元

本社网址：www.jccbs.com　　微信公众号：zgjcgycbs

本书如出现印装质量问题，由我社市场营销部负责调换。联系电话：（010）88386906

住房城乡建设部关于印发大型工程技术风险控制要点的通知

各省、自治区住房城乡建设厅，直辖市建委（规委），新疆生产建设兵团建设局：

为贯彻落实《中共中央国务院关于进一步加强城市规划建设管理工作的若干意见》，指导建立大型工程技术风险控制机制，我部组织编制了《大型工程技术风险控制要点》。现印发给你们，请参照执行。

中华人民共和国住房和城乡建设部

2018 年 2 月 2 日

前　言

为加强城市建设风险管理，提高对大型工程技术风险的管理水平，推动建立大型工程技术风险控制机制，住房和城乡建设部工程质量安全监管司组织国内建筑行业专家编制了《大型工程技术风险控制要点》。

主编单位：上海市建设工程安全质量监督总站
上海建科工程咨询有限公司

参编单位（按章节排序）：
上海岩土工程勘察设计研究院有限公司
华东建筑集团股份有限公司
上海市隧道工程轨道交通设计研究院
中国建筑第八工程局有限公司
上海建工七建集团有限公司
上海隧道工程股份有限公司
上海市建设工程设计文件审查管理事务中心
中国太平洋财产保险股份有限公司上海分公司

主要起草人：黄忠辉　金磊铭　周红波　曹丽莉
高惕非　夏　群　高承勇　朱晓泉
李冬梅　李　浩　崔晓强　尤雪春
朱雁飞　陆荣欣　朱　骏　唐　亮
陈　华　田惠文　梁昊庆　刘　爽
周翔宇　张　渝　李伟东　邵斐豪

目　　录

1　总则 …………………………………………………… 1
2　术语 …………………………………………………… 2
2.0.1　技术风险 ………………………………………… 2
2.0.2　质量安全风险 …………………………………… 2
2.0.3　风险识别 ………………………………………… 2
2.0.4　风险评估 ………………………………………… 2
2.0.5　风险控制 ………………………………………… 3
2.0.6　勘察风险 ………………………………………… 3
2.0.7　设计风险 ………………………………………… 3
2.0.8　施工风险 ………………………………………… 3
2.0.9　风险因素 ………………………………………… 3
2.0.10　风险跟踪 ……………………………………… 4
2.0.11　风险监测 ……………………………………… 4
2.0.12　建设单位主导型的风险控制模式 …… 4
3　基本规定 ……………………………………………… 5
3.1　风险管理范围 …………………………………… 5
3.2　风险管理目标 …………………………………… 5
3.3　风险管理阶段 …………………………………… 6
3.4　风险等级 ………………………………………… 6

3.4.1 概率等级 …… 6
3.4.2 损失等级 …… 7
3.4.3 风险等级确定 …… 8
3.4.4 风险接受准则 …… 8
3.5 风险控制职责 …… 9
3.5.1 建设单位职责 …… 10
3.5.2 勘察单位职责 …… 11
3.5.3 设计单位职责 …… 12
3.5.4 施工单位职责 …… 12
3.5.5 监理单位职责 …… 12
4 风险控制方法 …… 13
4.1 风险识别与分析 …… 13
4.1.1 风险识别与分析工作内容 …… 13
4.1.2 风险识别与分析工作流程 …… 14
4.1.3 风险识别与分析工作方法 …… 15
4.2 风险评估与预控 …… 16
4.2.1 风险评估与预控工作内容 …… 16
4.2.2 风险评估与预控工作流程 …… 17
4.2.3 风险评估与预控工作方法 …… 18
4.2.4 风险评估报告格式 …… 19
4.3 风险跟踪与监测 …… 19
4.3.1 风险跟踪与监测工作内容 …… 19
4.3.2 风险跟踪与监测工作流程 …… 20
4.3.3 风险跟踪与监测工作方法 …… 21

4.4 风险预警与应急 …………………………………… 21
4.4.1 风险预警与应急工作内容 ………………… 22
4.4.2 风险预警与应急工作流程 ………………… 23
4.4.3 风险预警与应急工作方法 ………………… 23
5 勘察阶段的风险控制要点 …………………………… 24
5.1 建设场址 ……………………………………………… 24
5.1.1 地质灾害风险 ………………………………… 24
5.1.2 地震安全性风险 ……………………………… 26
5.2 地基基础 ……………………………………………… 26
5.2.1 地基强度不足和变形超限风险 ……………… 26
5.2.2 基坑失稳坍塌和流砂突涌风险 ……………… 28
5.2.3 地下结构上浮风险 …………………………… 29
5.3 地铁隧道 ……………………………………………… 30
5.3.1 盾构隧道掘进涌水、流砂和坍塌风险 …………………………………………………… 30
5.3.2 盾构隧道掘进遭遇障碍物风险 ……………… 31
5.3.3 盾构隧道掘进遭遇地下浅层气害风险 …………………………………………………… 32
5.3.4 矿山法施工隧道涌水塌方风险 ……………… 32
6 设计阶段的风险控制要点 …………………………… 34
6.1 地基基础 ……………………………………………… 34
6.1.1 基坑坍塌风险 ………………………………… 34
6.1.2 坑底突涌风险 ………………………………… 36
6.1.3 坑底隆起风险 ………………………………… 37

6.1.4 基桩断裂风险 …………………………… 37
6.1.5 地下结构上浮和受浮力破坏风险 …… 38
6.1.6 高切坡工程风险 ………………………… 39
6.1.7 高填方工程风险 ………………………… 41
6.2 大跨度结构 ………………………………… 43
6.2.1 大跨钢结构屋盖坍塌风险 ………… 43
6.2.2 雨棚坍塌风险 …………………………… 45
6.3 超高层结构 ………………………………… 45
6.3.1 超长、超大截面混凝土结构裂缝风险 ……………………………………… 45
6.3.2 结构大面积漏水风险 ……………… 46
6.4 地铁隧道 …………………………………… 47
6.4.1 盾构始发/到达时发生涌水涌砂、隧道破坏、地面沉降风险 ……………… 47
6.4.2 盾构隧道掘进过程中地面沉降、塌方风险 ……………………………………… 48
6.4.3 区间隧道联络通道集水井涌水并引发塌陷风险 ……………………………… 48
6.4.4 联络通道开挖过程中发生塌方引起地面坍塌风险 ………………………… 49
6.4.5 矿山法塌方事故风险 ……………… 49
7 施工阶段的风险控制要点 ………………… 51
7.1 地基基础 …………………………………… 51
7.1.1 桩基断裂风险 …………………………… 51

7.1.2　高填方土基滑塌风险 …………………… 52
7.1.3　高切坡失稳风险 ……………………………… 53
7.1.4　深基坑边坡坍塌风险 ……………………… 53
7.1.5　坑底突涌风险 ………………………………… 55
7.1.6　地下结构上浮风险 ………………………… 56
7.2　大跨度结构 ………………………………………… 57
7.2.1　结构整体倾覆风险 ………………………… 57
7.2.2　超长、超大截面混凝土结构裂缝风险
……………………………………………………… 58
7.2.3　超长预应力张拉断裂风险 ……………… 59
7.2.4　大跨钢结构屋盖坍塌风险 ……………… 60
7.2.5　大跨钢结构屋面板被大风破坏风险
……………………………………………………… 61
7.2.6　钢结构支撑架垮塌风险 ………………… 62
7.2.7　大跨度钢结构滑移（顶升）安装
坍塌风险 ……………………………………… 62
7.3　超高层结构 ………………………………………… 64
7.3.1　核心筒模架系统垮塌与坠落风险 …… 64
7.3.2　核心筒外挂内爬塔吊机体失稳倾翻、
坠落风险 ……………………………………… 71
7.3.3　超高层建筑钢结构桁架垮塌、坠落
风险 ……………………………………………… 74
7.3.4　施工期间火灾风险 ………………………… 79
7.4　盾构法隧道 ………………………………………… 81

7.4.1 盾构始发/到达风险 …… 81
7.4.2 盾构机刀盘刀具出现故障风险 …… 82
7.4.3 盾构开仓风险 …… 83
7.4.4 盾构机吊装风险 …… 84
7.4.5 盾构空推风险 …… 84
7.4.6 盾构施工过程中穿越风险地质或复杂环境风险 …… 85
7.4.7 泥水排送系统故障风险 …… 86
7.4.8 在上软下硬地层中掘进中土体流失风险 …… 87
7.4.9 盾尾注浆时发生错台、涌水、涌砂风险 …… 87
7.4.10 管片安装机构出现故障风险 …… 88
7.4.11 敞开式盾构在硬岩掘进中发生岩爆风险 …… 88
7.5 暗挖法隧道 …… 89
7.5.1 马头门开挖风险 …… 89
7.5.2 多导洞施工扣拱开挖风险 …… 91
7.5.3 大断面临时支护拆除风险 …… 91
7.5.4 扩大段施工风险 …… 92
7.5.5 仰挖施工风险 …… 92
7.5.6 钻爆法开挖风险 …… 93
7.5.7 穿越风险地质或复杂环境风险 …… 93
7.5.8 塌方事故风险 …… 93

7.5.9 涌水、涌砂事故风险 …………………… 95
7.5.10 地下管线破坏事故风险………………… 96

附录A 风险评估报告格式 ………………………… 97
附录B 动态风险跟踪表……………………………… 98
B.0.1 动态风险跟踪表 ………………………… 98
附录C 风险管理工作月报 ……………………… 100
C.0.1 风险管理工作月报 …………………… 100
附录D 风险管理总结报告格式 ………………… 102
附录E 风险分析方法 …………………………… 103
E.0.1 风险分析方法 ………………………… 103
附录F 风险评估方法 …………………………… 105
F.0.1 风险评估方法 ………………………… 105

1 总　　则

1.0.1　为了指导我国大型工程建设技术风险的控制，有效减少风险事故的发生，降低工程经济损失、人员伤亡和环境影响，保障工程建设和城市运行安全，特制定本控制要点。

1.0.2　本控制要点适用于城市建设过程中的大型工程建设项目，主要指超高层建筑、大型公共建筑和城市轨道交通工程。

1.0.3　本控制要点主要为大型工程技术风险的控制各方提供风险控制的指导，工程技术风险的控制各方包括建设单位、勘察单位、设计单位、施工单位及监理单位。其他工程进行工程技术风险控制时，以及保险公司在实施技术风险控制时也可参照本控制要点。

1.0.4　大型工程技术风险控制除遵循本控制要点的管理内容外，还应符合现行国家、行业和地方法律、法规、规范和标准的相关规定。

2 术　　语

2.0.1　技术风险

在工程建设过程中由于技术因素引起的一种对工程质量安全结果偏离预期的情形。

2.0.2　质量安全风险

在工程建设过程中对质量安全管理的结果与工程前的质量安全管理目标相偏离的情形。

2.0.3　风险识别

在风险事故发生之前，运用各种方法系统的、连续的认识所面临的各种风险以及分析风险事故发生的潜在原因。

2.0.4　风险评估

在风险事件发生之前，就该事件会给人们的生活、生命、财产等各个方面造成的影响和损失的可能性的量化评价工作。

2.0.5　风险控制

制定风险处置措施及应急预案，实施风险监测、跟踪与记录。风险处置措施包括风险消除、风险降低、风险转移和风险自留四种方式。

2.0.6　勘察风险

指因为勘察缺失或偏差所造成的建设过程中的质量安全风险。

2.0.7　设计风险

指项目因设计存在缺陷所造成的建设过程中的质量安全风险。

2.0.8　施工风险

指项目因工程施工技术方案存在缺陷、使用材料存在缺陷、施工设施不安全、施工管理不完善所造成的建设过程中的质量安全风险。

2.0.9　风险因素

指引起或增加风险事故发生的机会或扩大损失幅度的原因和条件。

2.0.10　风险跟踪

指对风险的发展情况进行跟踪观察，督促风险规避措施的实施，同时及时发现和处理尚未辨识到风险。

2.0.11　风险监测

利用各种技术手段对可能产生的风险进行监测分析，以防止风险事件的发生。

2.0.12　建设单位主导型的风险控制模式

指工程项目全过程建设风险控制由建设单位牵头主导并组织，各参建单位分工配合的建设工程技术风险控制管理模式。

3 基本规定

3.1 风险管理范围

本控制要点涉及大型工程建设的风险管理范围，包括超高层建筑、大型公共建筑和轨道交通工程。其中超高层建筑是指建筑高度超过300m的建筑物；大型公共建筑是指单体建筑面积大于10万m^2或群体建筑面积大于30万m^2用于教育科研、商业服务、医疗福利、文化娱乐、旅游服务、体育、通讯、客运、办公、会展等工程。

3.2 风险管理目标

各类风险事件发生前，应尽可能选择较经济、合理、有效的方法减少或避免风险事件的发生，将风险事件发生的可能性和后果降至可能的最低程度。

各类风险事件发生后，相关各方应共同努力、通力协作，立即采取针对性的风险应急预案和措施，尽可能减少人员伤亡、经济损失和周边环境影响等，排除风险隐患。

3.3 风险管理阶段

风险管理阶段涉及工程建设全过程。本控制要点主要包括工程的勘察设计阶段和工程建设实施阶段。

3.4 风险等级

风险损失等级包括直接经济损失等级、周边环境影响损失等级以及人员伤亡等级，当三者同时存在时，以较高的等级作为该风险事件的损失等级。

风险事件的风险等级由风险发生概率等级和风险损失等级间的关系矩阵确定。

3.4.1 概率等级

风险事件发生概率的描述及等级标准应符合表 3.4.1 的规定。

表 3.4.1 风险事件发生概率描述及其等级

描述	等级	发生概率区间
非常可能	1 级	$0.1 \leqslant P \leqslant 1$
可能	2 级	$0.01 \leqslant P < 0.1$
偶尔	3 级	$0.001 \leqslant P < 0.01$
不太可能	4 级	$0 \leqslant P < 0.001$

3.4.2 损失等级

风险事件发生后果的描述及等级标准应分别符合表3.4.2-1、表3.4.2-2、表3.4.2-3的规定。

表3.4.2-1 直接经济损失等级

损失等级	1级	2级	3级	4级
经济损失（万元）	$EL \geqslant 10000$	$5000 \leqslant EL < 10000$	$1000 \leqslant EL < 5000$	$EL < 1000$

注：EL = 经济损失；参考国务院令第493号《生产安全事故报告和调查处理条例》（2007年6月1日）。

表3.4.2-2 周边环境影响损失等级

损失等级	涉及范围	影响程度描述
1级	很大	周边环境发生严重污染或破坏
2级	大	周边环境发生较重污染或破坏
3级	一般	周边环境发生轻度污染或破坏
4级	很小	周边环境发生少量污染或破坏

注：周边环境指自然环境、周边场地及邻近建（构）筑物、市政设施等。

表3.4.2-3 人员伤亡等级

损失等级	1级	2级	3级	4级
人员伤亡	是指造成30人以上死亡，或者100人以上重伤（包括急性工业中毒，"以上"包括本数，"以下"不包括本数，下同）	10人以上30人以下死亡，或者50人以上100人以下重伤	3人以上10人以下死亡，或者10人以上50人以下重伤	3人以下死亡，或者10人以下重伤

3.4.3 风险等级确定

工程建设风险事件按照不同风险程度可分为4个等级：

1. 一级风险，风险等级最高，风险后果是灾难性的，并造成恶劣社会影响和政治影响。

2. 二级风险，风险等级较高，风险后果严重，可能在较大范围内造成破坏或人员伤亡。

3. 三级风险，风险等级一般，风险后果一般，对工程建设可能造成破坏的范围较小。

4. 四级风险，风险等级较低，风险后果在一定条件下可以忽略，对工程本身以及人员等不会造成较大损失。

通过风险概率和风险损失得到风险等级应符合表3.4.3的规定。

表3.4.3 风险等级矩阵表

风险等级		损失等级			
		1	2	3	4
概率等级	1	I级	I级	II级	II级
	2	I级	II级	II级	III级
	3	II级	II级	III级	III级
	4	II级	III级	III级	IV级

3.4.4 风险接受准则

风险接受准则与风险等级的划分应对应，不同风险等级的风险接受准则各不相同，应符合表3.4.4的规定。

表3.4.4　风险等级描述及接受准则

风险等级	风险描述	接受准则
I级	风险最高，风险后果是灾难性的，并造成恶劣的社会影响和政治影响	完全不可接受，应立即排除
II级	风险较高，风险后果很严重，可能在较大范围内造成破坏或有人员伤亡	不可接受，应立即采取有效的控制措施
III级	风险一般，风险后果一般，对工程可能造成破坏的范围较小	允许在一定条件下发生，但必须对其进行监控并避免其风险升级
IV级	风险较低，风险后果在一定条件下可忽略，对工程本身以及人员等不会造成较大损失	可接受，但应尽量保持当前风险水平和状态

3.5　风险控制职责

建设单位可在企业层面设立风险控制小组，风险控制小组由建设单位、勘察单位、设计单位、施工单位（包括分包）、监理单位的项目负责人担任，指导和监督项目工程技术风险的管理工作。

风险控制小组在建设单位的牵头下，应承担以下工作职责：

1. 在工程开工前识别工程关键风险，编制风险管理计划。

2. 在工程施工前对关键的技术风险管理节点进行施工条件的审查，包括审核施工方案、确认设计文件及变更文件、确认现场技术准备工作等。

3. 在工程实施过程中组织实施风险管理并进行过程协调，包括现场风险巡查、召开风险管理专题会、对风险进行跟踪处理等。

3.5.1 建设单位职责

建设单位为工程技术风险控制的首要责任方，其应当在工程建设全过程负责和组织相关参建单位对工程技术风险的控制。其工作职责如下：

1. 建设单位应在项目可行性研究阶段组织相关单位对项目在立项阶段可能存在的风险以及可能对后续工程建设乃至运营阶段造成的风险进行研究和评估，将可能存在的风险体现在可行性研究报告中，并对该阶段的风险情况进行收集和保存，并将该情况告知后续工程建设的相关参建单位或相关风险承担及管理方，以供其评估风险并制定相应的风险控制对策。

2. 建设单位应在初步设计阶段了解项目的整体建设风险，该风险的研究由初步设计单位在设计方案中提出。建设单位应对设计提出的风险已经给出的相关设计处理建议给予重视，合理采纳设计方案中建议或意见，并对选择的设计方案予以确认。

3. 建设单位应根据项目建设的需要，选择合适的参建单位，包括勘察单位、设计单位、施工单位、监理单位、检测单位、监测单位等。所选单位的资质要求和人员要求应当满足工程规模、难度等的需要，以保证工程建设风险的控制效果。

4. 建设单位应在工程开工或复工前组织识别工程建设过程中的重要工程节点，并在相应节点开工前组织开工或复工条件的审查，条件审查内容包括工程开工前的专项施工方案编制、审批和专家论证情况，人员技术交底情况，现场材料、设备器材、机械的准备情况，项目管理、技术人员和劳动力组织情况，应急预案编制审批和救援物资储备情况等，以保证工程开工准备工作的有效充分。

5. 建设单位应在现场建立起相应的技术风险应急处置机制，明确参建各方的风险应急主要责任人，组织编制相应的技术风险管理预案，并监督应急物资的准备情况。

6. 当现场发生风险事故时，建设单位应组织参建单位进行事故的抢险或事后的处理工作，做好施工企业先期处置，明确并落实现场带班人员、班组长和调度人员直接处置权和指挥权，将事故的损失降低到最小的程度。

3.5.2 勘察单位职责

勘察单位应在项目勘察阶段做好项目前期的风险识别工作，包括所属项目的地质构造风险、地下水控制风险、地下管线风险、周边环境风险等，为项目建设设计提供依据或进行相关提示，也为施工阶段的风险控制提供相关的信息。同时在工程设计、施工条件发生变化时，配合建设单位完成必要的补勘工作。做好勘察交底，及时解决施工中出现的勘察问题。

3.5.3 设计单位职责

设计单位应当在建设工程设计中综合考虑建设前期风险评估结果，确保建筑设计方案和结构设计方案的合理性，提出相应设计的技术处理方案，根据合同约定配合建设单位制定和实施相应的应急预案，并就相关风险处置技术方案在设计交底时向施工单位作出详细说明，及时解决施工中出现的设计问题。

3.5.4 施工单位职责

施工单位应在开工前制定针对性的专项施工组织设计（包括风险预控措施与应急预案），并按照预控措施和应急预案负责落实施工全过程的质量安全风险的实施与跟踪，同时做好相关资料的记录和存档工作。

3.5.5 监理单位职责

监理单位应在开工前审核施工单位的风险预控措施与应急预案，并负责跟踪和督促施工单位落实。

4 风险控制方法

4.1 风险识别与分析

风险识别与分析应包括建设工程前期总体风险分析和建设期全过程的动态风险分析。

各阶段风险识别与分析应前后衔接，后阶段风险识别应在前阶段风险识别的基础上进行。

4.1.1 风险识别与分析工作内容

1. 风险识别应根据大型工程建设期的主要风险事件和风险因素，建立适合的风险清单。

2. 风险因素的分解应考虑自然环境、工程地质和水文地质、工程自身特点、周边环境以及工程管理等方面的主要内容：

（1）自然环境因素：台风、暴雨、冬期施工、夏季高温、汛期雨季等；

（2）工程地质和水文地质因素：触变性软土、流砂层、浅层滞水、（微）承压水、地下障碍物、沼气层、断层、破碎带等；

（3）周边环境因素：城市道路、地下管线、轨道交通、周边建筑物（构筑物）、周边河流及防汛墙等；

（4）施工机械设备等方面的因素；

（5）建筑材料与构配件等方面的因素；

（6）施工技术方案和施工工艺的因素；

（7）施工管理因素。

3. 风险识别前应广泛收集工程相关资料，主要包括：

（1）工程周边环境资料；

（2）工程勘察和设计文件；

（3）施工组织设计（方案）等技术文件；

（4）现场勘查资料。

4.1.2 风险识别与分析工作流程

风险识别与分析可从建设工程项目工作分解结构开始，运用风险识别方法对建设工程的风险事件及其因素进行识别与分析，建立工程项目风险因素清单。风险识别与分析流程，见图4.1.2，并应符合以下要求：

1. 在建设工程项目每个阶段的关键节点都应结合具体的设计工况、施工条件、周围环境、施工队伍、施工机械性能等实际状况对风险因素进行再识别，动态分析建设工程项目的具体风险因素。

2. 风险再识别的依据主要是上一阶段的风险识别及风险处理的结果，包括已有风险清单、已有风险监测结果和对已处理风险的跟踪。风险再识别的过程本质上是对建设工程项目新增风险因素的识别过程，也是风险识别的循环过程。

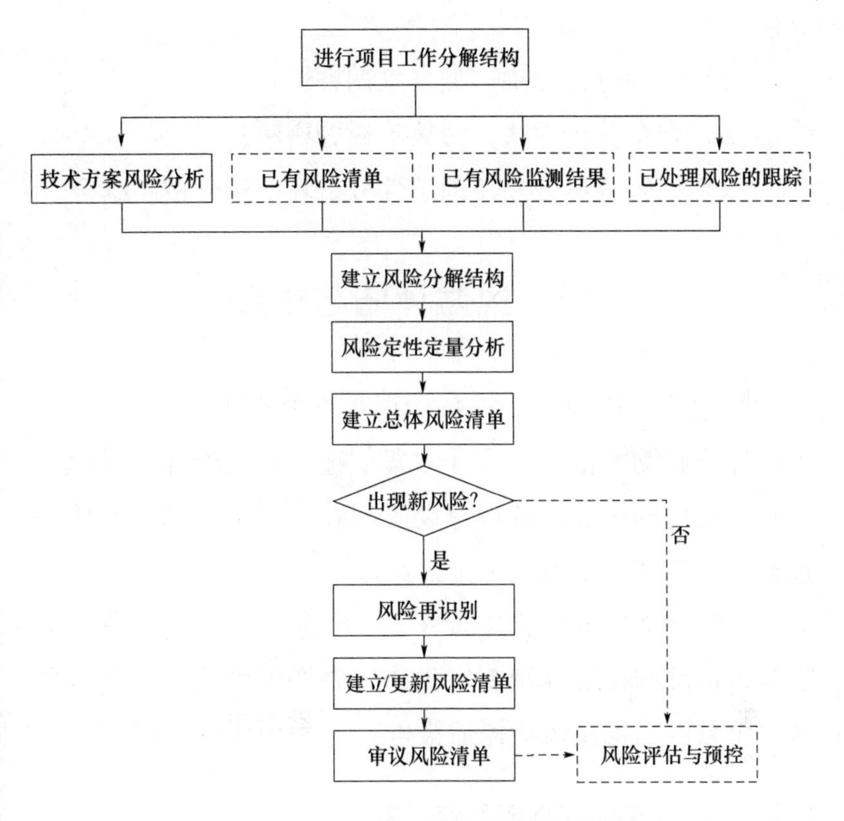

图 4.1.2　风险识别与分析流程图

4.1.3　风险识别与分析工作方法

1. 风险识别与分析方法可采用专家调查法、故障树分析法、项目工作分解结构－风险分解结构分析法等，可根据工程对象采用某一种方法或组合方法进行风险识别。风险识别与分析方法适用范围可参见附录 E。

2. 风险识别与分析方法应根据工程建设特点、评估要求和工程建设风险类型选取。风险分析可采用以下三类方法：

（1）定性分析方法，如专家调查法；

（2）定量分析方法，如故障树分析法；

（3）综合分析方法，即定性分析和定量分析相结合。

4.2 风险评估与预控

在建设前期和施工准备阶段，应结合项目工程特点、周边环境和勘察报告、设计方案、施工组织设计以及风险识别与分析的情况，进行建设工程技术风险评估。在施工过程中，应结合专项施工方案进行动态风险评估。

风险评估应明确相关责任人，收集基本资料，依据风险等级标准和接受准则制定工作计划和评估策略，提出风险评价方法，编制风险评估报告。

4.2.1 风险评估与预控工作内容

1. 风险评估应建立合理、通用、简洁和可操作的风险评价模型，并按下列基本内容进行：

（1）对初始风险进行估计，分别确定每个风险因素或风险事件对目标风险发生的概率和损失，当风险概率难以取得时，可采用风险频率代替；

（2）分析每个风险因素或风险事件对目标风险的影响程度；

（3）估计风险发生概率和损失的估值，并计算风险值，进而评价单个风险事件和整个工程建设项目的初始风险等级；

（4）根据评价结果制定相应的风险处理方案或措施；

（5）通过跟踪和监测的新数据，对工程风险进行重新分析，并对风险进行再评价。

2. 风险评估报告中应根据风险评估结果制定针对各风险事件的预控措施。

4.2.2 风险评估与预控工作流程

风险评估与预控应从风险事件发生概率和发生后果的估计开始，然后进行风险等级的评价，然后编制风险评估报告，通过风险预控措施的实施，降低工程风险。在工程不同阶段，需进行动态评估和预控。风险评估与预控工作流程，见图4.2.2，并符合以下要求：

1. 通过对风险估计和评价得到的风险水平对比风险标准，确立单个风险事件和项目整体风险等级，并根据风险等级选择风险预控措施，编制风险处理策略实施计划。

2. 风险预控措施实施后即进入风险跟踪与监测流程，经风险跟踪和监测来判断风险策略实施效果，并监测实施后是否还有风险残余，以及随之产生的新的风险因素。

3. 分解风险残余和新的风险因素的风险水平大小确定是否采取新的风险预控措施，实现风险再评估。

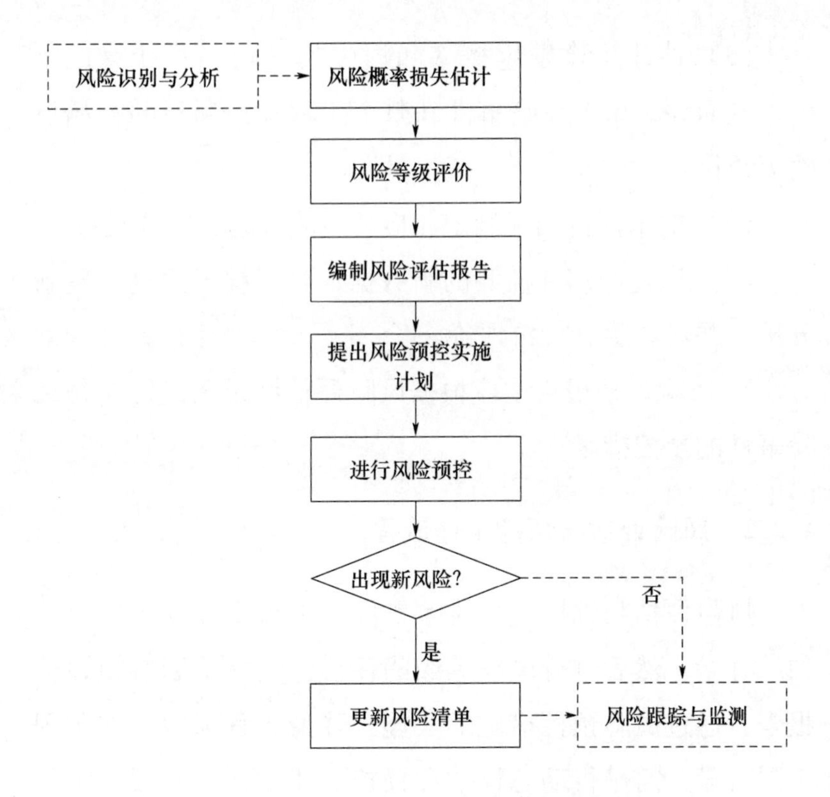

图 4. 2. 2　风险评估与预控流程图

4. 2. 3　风险评估与预控工作方法

1. 风险评估方法可采用风险矩阵法、层次分析法、故障树法、模糊综合评估法、蒙特卡罗法、敏感性分析法、贝叶斯网络方法、神经网络分析法等。风险评估方法适用范围可参见附录 F。

2. 在进行风险评估前，应收集相关工程数据或工程案例，并根据实际情况对风险进行定性或定量评估。

3. 风险评估结果应得到确认，确认方式可以采用专家评审方式，也可报请上级单位审核确认。

4. 风险评估等级确定后，应针对性地采取技术、管理等方面的预控措施，具体措施由项目实施单位制定。

4.2.4 风险评估报告格式

建设工程技术风险评估报告的格式应符合附录 A 的规定。

4.3 风险跟踪与监测

建设单位应组织参建各方根据风险评估结果选择适当的风险处理策略，编制风险跟踪与监测实施计划并实施。

4.3.1 风险跟踪与监测工作内容

1. 风险跟踪应对风险的变化情况进行追踪和观察，及时对风险事件的状态做出判断。

2. 风险跟踪的内容包括：风险预控措施的落实情况、已识别风险事件特征值的观测、对风险发展状况的纪录等，可采用如下记录表式：

（1）动态风险跟踪表应符合附录 B 的规定；

（2）风险管理工作月报表应符合附录 C 的规定。

3. 风险跟踪与监测是动态的过程，应根据工程环境的变化、工程的进展状况及时对施工质量安全风险进行修正、登记及监测检查，定期反馈，随时与相关单位沟通。

4. 风险监测应符合下列规定：

（1）制定风险监测计划，提出监测标准；

（2）跟踪风险管理计划的实施，采用有效的方法及工具，监测和应对风险；

（3）报告风险状态，发出风险预警信号，提出风险处理建议。

5. 根据风险跟踪和监测结果，应对风险等级高的事件进行处理，风险处理应符合下列规定：

（1）根据项目的风险评估结果，按照风险接受准则，提出风险处理措施；

（2）风险处理基本措施包括风险接受、风险减轻、风险转移、风险规避；

（3）根据风险处理结果，提出风险对策表，风险对策表的内容应包括初始风险、施工应对措施、残留风险等；

（4）对风险处理结果实施动态管理，当风险在接受范围内，风险管理按预定计划执行直至工程结束；当风险不可接受时，应对风险进行再处理，并重新制定风险管理计划。

4.3.2 风险跟踪与监测工作流程

风险跟踪与监测流程首先应编制风险监测方案，风险监测实施过程中可采用远程监控技术和信息管理技术，对工程实施过程进行实时全方位监控，根据监测结果选择不同的处理方案。风险跟踪与监测的流程，见图4.3.2。

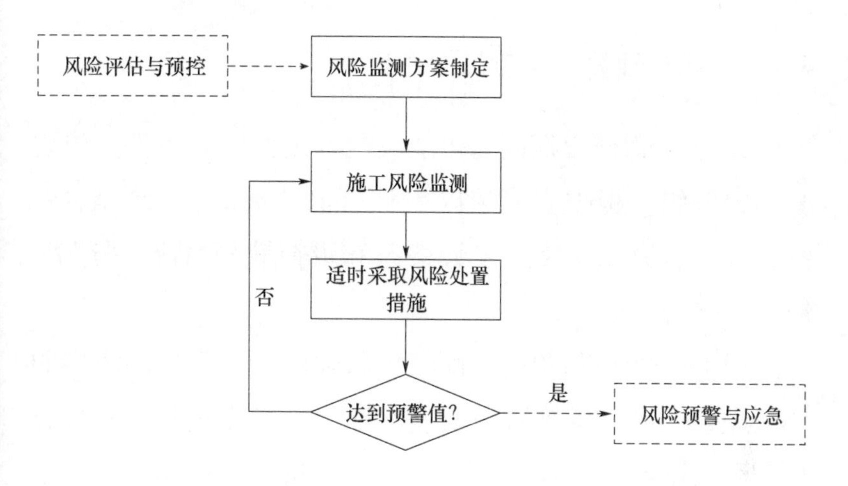

图 4.3.2　风险跟踪与监测流程

4.3.3　风险跟踪与监测工作方法

1. 风险跟踪与监测方法可采用人工现场巡视、风险跟踪现场记录、运程监控技术，或采用多种方法的综合跟踪监测方法。

2. 风险跟踪与监测宜有定量化的指标进行监控，并应及时对监测数据进行分析，全面掌握工程建设风险。

4.4　风险预警与应急

参建各方应明确各风险事件相应的风险预警指标，根据预警等级采取针对性的防范措施。

建设单位应组织编制技术风险应急预案，并定期进行应急演练。

4.4.1 风险预警与应急工作内容

1. 在工程建设期间对可能发生的突发风险事件，应划分预警等级。根据突发风险事件可能造成的社会影响性、危害程度、紧急程度、发展势态和可控性等情况，分为4级，具体规定如下：

（1）一级风险预警，即红色风险预警，为最高级别的风险预警，风险事故后果是灾难性的，并造成恶劣社会影响和政治影响；

（2）二级风险预警，即橙色风险预警，为较高级别的风险预警，风险事故后果很严重，可能在较大范围内对工程造成破坏或有人员伤亡；

（3）三级风险预警，即黄色风险预警，为一般级别的风险预警，风险事故后果一般，对工程可能造成破坏的范围较小或有较少人员伤亡；

（4）四级风险预警，即蓝色风险预警，为最低级别的风险预警，风险事故后果在一定条件下可以忽略，对工程本身以及人员、设备等不会造成较大损失；

2. 针对工程建设项目的特点和风险管理的需要，宜建立风险监控和预警信息管理系统，通过监测数据分析，及时掌握风险状态。

3. 建设工程项目必须建立应急救援预案，并对相关人员进行培训和交底，保持响应能力。

4. 现场应配备应急救援物资及设施，并明确安全通道、应急电话、医疗器械、药品、消防设备设施等。

5. 针对各级风险事件，建设单位应建立健全应急演练机制，定期组织相关预案的演练，其上级管理部门应定期进行检查。

4.4.2 风险预警与应急工作流程

风险预警与应急流程首先建立风险预警预报体系，当预警等级3级及以上时，应启动应急预案，及时进行风险处置。风险预警与应急工作流程，见图4.4.2。

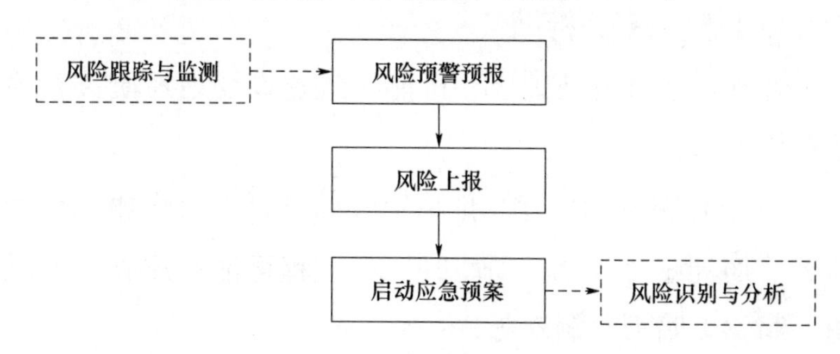

图4.4.2 风险预警与应急流程

4.4.3 风险预警与应急工作方法

风险预警可采用远程监控平台与数据实时处理的信息平台相结合的方法。

5 勘察阶段的风险控制要点

5.1 建设场址

5.1.1 地质灾害风险

1. 风险因素分析

在地质条件复杂地区，可能导致建设场地地质灾害的主要因素有:

(1) 存在影响拟建场地稳定性的不良地质作用，包括滑坡、崩塌、泥石流、活动断裂、地裂缝、岩溶、古河道、暗浜、暗塘、洞穴等;

(2) 拟建场地位于地面沉降持续发展的地区;

(3) 拟建场地位于地下采空区。

2. 风险控制要点

(1) 研究已有勘察资料，从地形地貌宏观上确定拟建场地所在的地质单元，查明影响场地稳定性的不良地质作用，如滑坡体、高边坡或岸坡的稳定性，断裂、破碎带、地裂缝及其活动性，岩溶及其发育程度，有无古河道、暗浜、暗塘、洞穴或其它不良地质现象及其分布范围、成因、类型、性质，判断对场地稳定性的影响程度;

（2）确定合理的拟建场地位置及其范围，对有直接危害的不良地质作用，应予以避让，对虽有不良地质作用存在，但经技术经济论证可以治理的场地，应提出整治方案及所需的岩土工程技术参数；

（3）对处于边坡附近的建筑场地，应对坡体进行勘察，验算滑坡稳定性，分析判断整体滑动的可能性；对存在滑坡可能的地段，应确定安全避让距离，提出整治措施，包括滑坡体周边地表排水和地下排水方案；

（4）对处于复杂地形地貌环境下的场地，进行危岩、崩塌、泥石流勘察，分析评价发生崩塌、泥石流等不良地质灾害的可能性，建议处理措施；

（5）在地面沉降持续发展的地区，应收集地面沉降历史资料，分析地面沉降的分布范围、沉降中心、沉降速率及沉降量，预测地面沉降发展趋势，评价对场地的影响程度，建议应对措施；

（6）在地下采空区，应查明采空区上覆岩土的性质、地表沉降特征，分析评价拟建工程可能遭受的影响程度，进行拟建场地、地铁线路方案的比选，明确最佳方案；

（7）在岩溶发育区，应查明岩溶洞隙、土洞的分布范围、规模、埋深、充填情况，分析岩溶洞隙、土洞的发育条件，并评价其稳定性，对于可能塌陷的岩溶洞隙、土洞提出处理措施。

5.1.2 地震安全性风险

1. 风险因素分析

拟建场地位于抗震设防区，可能导致建设场地地震安全风险的主要因素有：

（1）在地形地貌上属于抗震不利或危险地段；

（2）场地浅部分布饱和砂土或粉性土且具有地震液化可能性；

（3）场地浅部分布的饱和软土具有震陷可能性。

2. 风险控制要点

（1）对全新活动断裂、发震断裂和正在活动的地裂缝，应选择合理的避让措施或地基处理措施；

（2）在抗震设防区，应查明拟建场地类别，划分抗震有利、不利或危险地段；

（3）对场地 20m 以浅分布饱和砂质粉土合粉砂进行地震液化判别，对饱和软土进行震陷可能性判定；

（4）对特殊设防类工程，应根据有关规定进行场地地震安全性评价，提供抗震设计动力参数。

5.2 地基基础

5.2.1 地基强度不足和变形超限风险

1. 风险因素分析

导致地基强度不足，变形超过规范限值不能满足使用功能的主要因素有：

（1）未查明拟建场地地层分布规律、地基均匀性及其物理力学性质；

（2）建议的地基基础方案选型失误，地基承载力不足，绝对沉降、差异沉降或倾斜过大，影响地基基础稳定性；

（3）土层物理力学性指标不准确，特别是提供给设计使用的强度和变形计算参数有误。

2. 风险控制要点

（1）查明地基土分布规律和均匀性，准确划分各类岩土，对与工程关系密切的湿陷性黄土、膨胀岩土、红黏土、饱和软土、填土等特殊性岩土做专门研究，取得岩土物理力学性质参数，对地质条件复杂的场地进行工程地质单元划分；

（2）根据工程结构类型、特点、荷载分布及对地基基础变形控制的要求，建议合理的地基基础方案；对箱型基础、筏形基础，评价地基均匀性；对桩基础，通过分析比选，建议合理的基础持力层，评价桩基的适宜性、安全性、经济性、合理性，建议合理的桩型、桩径、桩长；考虑桩基施工条件、沉桩可能性、沉桩对周围环境的不良影响，就应注意的问题建议防治措施；

（3）合理确定土的强度参数和变形参数，准确估算天然地基承载力、桩基承载力，预测天然地基和桩基沉降量、沉降差、倾斜值、局部倾斜；

（4）对于地基基础的重大技术问题，应在定性分析的基础上进行定量分析，对理论依据不足且缺乏实践经验的工程问题，需通过现场模型试验或足尺试验进行分析评价。

5.2.2 基坑失稳坍塌和流砂突涌风险

1. 风险因素分析

导致基坑发生失稳坍塌、流砂突涌等重大安全事故风险件的主要因素有：

（1）未查明拟建场地地层分布规律、地基均匀性及其物理力学性质；

（2）在现有技术设备条件下，超大、超长桩基础，或地下连续墙等深基坑维护结构体施工难以实现；

（3）未查明水文地质条件，如地下水类型、赋存条件、水头高度等，地下水控制方案（降水、截水和回灌措施）建议不当；

（4）深大建筑基坑、地铁车站基坑和工作井等抗隆起稳定性、抗渗流稳定性、整体稳定性不足。

2. 风险控制要点

（1）采用多种勘探、测试和室内试验等方法，发挥各种方法的互补性，进行综合勘探，查明地基土分布规律及其特征，取得岩土物理力学性质参数，对地质条件复杂的场地进行工程地质单元划分；

（2）建议合理的深基坑支护形式，提供准确的岩土物理力学参数，尤其是抗剪强度指标，要说明其试验方法和适用工况条件；

（3）针对深基坑工程降排水需要，进行专项水文地质勘察，查明地下水类型、补给和排泄条件，进行地下水的长期观测，提供随季节变化的最高水位、最低水位值，建议设计长期设防水位；分析评价各含水层对基坑工程的影响，包括突涌、流砂的可能性，根据地质条件和周边环境条件，建议合理可行的降水、截水及其他地下水控制方案；

（4）当需要采用降水控制措施时，应提供水文地质计算模型；

（5）收集深基坑开挖施工影响范围内的相邻建（构）筑物的结构类型、层数、地基、基础类型（天然地基、复合地基、桩基础等）、埋深、持力层等情况，周边地下各类管线及地下设施，就基坑支护结构、周边环境和设施进行监测提出建议；

（6）对于深基坑工程重大技术问题，应在定性分析的基础上进行定量分析，对理论依据不足且缺乏实践经验的工程问题，需通过现场模型试验或足尺试验进行分析评价。

5.2.3 地下结构上浮风险

1. 风险因素分析

导致地下结构上浮的主要因素有：

（1）未查明水文地质条件，如地下水类型、赋存条件、水头高度等；

（2）提供的抗浮设防水位不准确、或地下结构抗浮措施不当；

（3）施工阶段地下水控制方案（降水、截水和回灌措施）建议不当。

2. 风险控制要点

（1）查明地下水类型、补给和排泄条件，进行地下水的长期观测，提供随季节变化的最高水位、最低水位值，建议设计长期设防水位；

（2）分析评价各含水层对地下结构工程的影响，建议合理可行的降水、截水及其他地下水控制方案；

（3）当需要采用降水控制措施时，应提供水文地质计算模型；

（4）水文地质条件复杂时，应进行专项水文地质勘察。

5.3 地铁隧道

5.3.1 盾构隧道掘进涌水、流砂和坍塌风险

1. 风险因素分析

引起盾构隧道掘进（包括联络通道施工）发生涌水、流砂和坍塌的主要因素有：

（1）未查明工程地质、水文地质条件，如粉性土和砂土、承压含水层等分布情况；

（2）未查明盾构穿越沿线地表水体水下地形、河床深度、河底淤泥等情况；

（3）盾构隧道上覆土层厚度不足。

2. 风险控制要点

（1）查明地铁隧道沿线岩土工程条件和地下水分布情况，隧道穿越沿线、进出洞位置是否分布砂土、粉性土层，或夹层、透镜体，查明其颗粒组成、密实度和均匀性；

（2）查明沿线所涉及的河道深度及河床底部淤泥厚度，进行河床地形测量、专项水文分析及河势调查；

（3）按地貌单元开展有针对性的水文地质试验，建议合理的水文地质参数。

5.3.2 盾构隧道掘进遭遇障碍物风险

1. 风险因素分析

盾构掘进遭遇地下障碍物的主要因素在于未查明盾构隧道所穿越建构筑物地基基础形式、沿线地下障碍物情况，如桩基础、地下管道、人防设施、土层中的孤石等。

2. 风险控制要点

（1）收集、调查盾构穿越沿线的地下障碍物、重要建（构）筑物及其地基基础状况，判断是否会影响盾构掘进；

（2）采用多种手段查明土层中是否存在影响盾构掘进

的各类地下障碍物；

（3）预测盾构隧道施工过程中可能对沿线相邻重要建（构）筑物造成的不良影响，提出相应的监测和预防措施。

5.3.3　盾构隧道掘进遭遇地下浅层气害风险

1. 风险因素分析

盾构掘进遭遇地下浅层气害的主要因素，在于未查明盾构隧道所穿越地层中富含的天然气，因隧道施工扰动释放，造成隧道外围土体失稳，可致使隧道产生竖向和水平向位移，引起隧道结构本体损坏，并且当地层中释放的天然气在盾构机舱内积聚，可引起燃烧和爆炸。

2. 风险控制要点

分析地层是否具备储气特性，加强浅层天然气的调查和检测，提出处置建议。

5.3.4　矿山法施工隧道涌水塌方风险

1. 风险因素分析

矿山法施工隧道掘进过程中掌子面发生涌水、流砂、突泥，以及围岩、断层破碎带松动塌方的主要因素有：

（1）未查明工程地质、水文地质条件，如岩溶、断层、破碎带、地下水赋存等情况；

（2）未准确进行围岩分级。

2. 风险控制要点

（1）查明地铁隧道沿线岩土工程条件和地下水分布情

况，划分岩溶、断层、破碎带等不良地质作用地段，判断对线路的危害程度；

（2）研究地貌特征、地质构造、断裂的情况、走向与线路夹角，对围岩稳定性的影响程度；

（3）隧道掘进施工阶段，在掌子面通过地质测绘、物探等手段进行超前预报。

6 设计阶段的风险控制要点

6.1 地基基础

6.1.1 基坑坍塌风险

1. 风险因素分析

随着目前基坑工程越挖越大，越挖越深、周边环境越挖越复杂，基坑设计面临风险也越来越重，造成基坑坍塌的风险在设计方面的原因主要有：

（1）深基坑设计方案选择失误；

（2）支护结构设计中土体的物理力学参数选择不当；

（3）深基坑支护的设计荷载取值不当；

（4）支护结构设计计算与实际受力不符；或设计模型与基坑开挖实际不一致；

（5）支撑结构设计失误或锚固结构设计失误；

（6）地下水处理方法不当；

（7）对基坑开挖存在的空间效应和时间效应考虑不周；

（8）对基坑监测数据的分析和预判不准确。

2. 风险控制要点

为确保施工安全，防止塌方事故发生，建筑基坑支护设计与施工应综合考虑工程地质与水文地质条件、基坑类型、基坑开挖深度、降排水条件、周边环境对基坑侧壁位移的要求、基坑周边荷载、施工季节、支护结构使用期限等因素，做到合理设计、精心施工、经济安全。对深基坑坍塌风险，设计阶段要综合考虑和采取以下措施：

（1）基坑计算必须考虑施工过程的影响，进行土方分层开挖、分层设置支撑、逐层换撑拆撑的全过程分析。尽可能使实际施工的各个阶段，与计算设定的各个工况一致；

（2）基坑设计时要考虑软土流变特性的时间效应和空间效应，考虑特殊土在温度、荷载、形变、地下水等作用下的特殊性质；

（3）认识施工过程的复杂性，如经常发生的超挖现象、出土口位置、重车振动荷载和行车路线、施工栈桥和堆场布置等；

（4）重视周边环境监测，研究基坑监测警戒值合理取值范围；

（5）实行基坑动态设计和信息化施工：监测数据（内力、变形、土压力、孔隙水压力、潜水及承压水水头标高等）；反分析得到计算模型参数；预测下一工况支护结构内力和变形；必要时，修改设计措施、调整挖土方案；

（6）设计单位应当考虑施工安全操作和防护的需要，对涉及施工安全的重点部位和环节在设计文件中注明，并对防范生产安全事故提出指导意见；

（7）采用新结构、新材料、新工艺和特殊结构的深基坑工程，设计单位应当在设计中提出保障施工作业人员安全和预防生产安全事故的措施建议；

（8）从设计理念和设计方法来看，要彻底转变传统的设计理念，建立变形控制的新的工程设计方法，开展支护结构的试验研究，探索新型支护结构的计算方法。

6.1.2 坑底突涌风险

1. 风险因素分析

深基坑坑底突涌的风险，设计方面的原因是因设计考虑不周引起的，主要风险因素有：

（1）忽略抗渗流或抗管涌稳定性验算；

（2）设计没有考虑处理承压水措施。

（3）在地下水及在施工扰动作用下，深基坑坑底土层性能的弱化作用。

2. 风险控制要点

对深基坑坑底突涌的风险控制，设计阶段要考虑和采取以下措施：

（1）设计阶段同样关注基坑坍塌面临的风险；

（2）设计时必须进行抗渗流或抗管涌稳定性验算；

（3）施工时设计应关注承压水处理措施，包括采取竖向止水帷幕隔绝法和坑底加固法；

（4）采取合理的基坑加固措施。

6.1.3 坑底隆起风险

1. 风险因素分析

深基坑坑底隆起风险与基坑边坡坍塌有一定的关联关系，要重视因设计不周带来的风险：

（1）忽略坑底隆起稳定性验算；

（2）与基坑坍塌相关的风险；

（3）忽略坑底隆起对工程桩、支护构件带来的不利影响。

2. 风险控制要点

对深基坑坑底隆起的风险控制，设计阶段要考虑和采取以下措施：

（1）设计阶段同样关注基坑坍塌面临的风险；

（2）设计时必须进行抗坑底隆起稳定性验算；

（3）施工时设计应关注坑底隆起（回弹）量的监测。

6.1.4 基桩断裂风险

1. 风险因素分析

造成基桩断裂的风险，设计方面的原因是因设计考虑不周引起的，主要风险因素有：

（1）设计没有考虑基坑开挖后，基坑底部隆起引起对基桩的轴拉力，对桩身强度、对多节桩，接桩桩头、接桩节点的构造和强度没有考虑上述情况下的轴拉力；

（2）因设计失误造成桩身强度不足而造成断桩。

2. 风险控制要点

对基桩断裂的风险，设计阶段要综合考虑和采取以下措施：

（1）桩身设计除考虑正常使用状态下桩身轴力外，还需考虑基坑开挖施工后土体回弹隆起引起的轴力和桩顶上拔引起的轴力；

（2）根据以上的内力情况，对不同工况作用下的桩身的钢筋配置量进行校核，如不满足，需增加配筋量；

（3）对多节桩，接桩桩头、接桩节点的构造和强度，也必须考虑上述情况下的轴拉力。

6.1.5 地下结构上浮和受浮力破坏风险

1. 风险因素分析

造成地下结构上浮和受浮力破坏的风险，设计方面的原因是因设计考虑不周引起的，主要风险因素有：

（1）勘察报告没有明确提出抗浮设防水位；

（2）设计对当地的水位变化不了解，选取的抗浮设防水位取值不当；

（3）设计文件没有提出施工阶段对抗浮要求。

2. 风险控制要点

对地下结构上浮和受浮力破坏的风险，设计阶段要综合考虑和采取以下措施：

（1）勘察单位应搜集当地水文历史资料，根据多年统计经验推算出需要考虑的抗浮水位高度，并考虑将来使用期水位的变化综合确定设计抗浮水位，并在勘察报告中明确；

（2）当无历史数据时，设计时应估计地下水位高度，可按最不利情况取值；

（3）如场地标高在施工期间发生大面积改变，设计需重新核实设防水位；

（4）设计应考虑上部建筑高低悬殊引起的地下室结构局部抗浮的受力差异；

（5）设计图纸应对施工过程提出对阶段性抗浮的施工要求，包括施工程序和施工措施的时间要求。

6.1.6　高切坡工程风险

1. 风险因素分析

随着山丘地区经济建设的快速发展，建设工程的边坡施工越来越多，风险越来越大，造成高切坡滑坡的风险在设计方面的原因主要有：

（1）高切坡工程设计施工前未进行专项的地震安全评估、地质灾害危险性评估与边坡勘察；

（2）岩、土体的物理力学参数选择不当；

（3）未充分考虑坡体岩土体地层剧烈变化、软弱结构面、软弱夹层、古滑坡等的不利影响；

（4）未充分考虑坡体地下水、地表水的不利影响；

（5）高切坡加固设计方案选择失误；

（6）设计方案未考虑施工工况，或设计模型与实际施工工况不一致；

（7）锚固体失效或未达到设计意图；

（8）设计方案未充分考虑坡体变形或滑塌区对坡顶、坡底重要保护设施的影响；

（9）设计方案未采取动态设计，未重视高切坡施工过程中及后期监测数据分析。

2. 风险控制要点

为确保施工安全，防止滑坡、崩塌、落石等事故发生，高切坡加固设计与施工应综合考虑工程地质与水文地质条件、施工工况、降排水措施、周边环境保护要求等因素，做到合理设计、精心施工。

对高切坡滑坡、崩塌、落石等风险控制，设计阶段要综合考虑和采取以下措施：

（1）高边坡项目实施前应进行建设场地地震安全性评估、地质灾害危险性评估；

（2）高切坡工程应进行边坡勘察；一级建筑边坡工程宜进行专门勘察，二、三级建筑边坡工程可与主体建筑勘察一并进行，但应满足边坡勘察的工作深度和要求；

（3）高切坡工程设计前，宜请经验丰富的专家现场进行调查，评估工程主要风险源；

（4）高切坡加固设计应考虑不良地质因素、地下水、软弱结构面、软弱夹层、古滑坡等不良地质现象，评估浅层滑坡、深层滑坡及古滑坡安全度，也要考虑坡面落石、滚石、泥石流等风险因素，采取加固措施及构造措施，避免地质灾害发生；

（5）高切坡加固设计应当考虑施工工况，对施工阶段风险源进行评估，采取措施，避免事故发生；设计应当考虑施工安全操作和防护的需要，对涉及施工安全的重点部位和环节在设计文件中注明，并对防范生产安全事故提出指导意见；

（6）对于滑坡影响范围内存在重要设施情况，高切坡加固设计尚应分析施工中及运营期间坡体与建构筑物等设施的共同作用，采取措施加强保护；

（7）一级边坡应采用动态设计；二级边坡工程宜采用动态设计法；施工单位应对施工现场揭示的地质现状进行编录并提交设计复核；设计应提出对施工方案的特殊要求和监测要求，应掌握施工现场的地质状况、施工情况和变形、应力监测的反馈信息，必要时对原设计作校核、修改和补充；

（8）设计应重视水文地质条件对高切坡工程的影响，并设置必要的坡体内排水措施、坡顶与坡底的排水措施；

（9）设计应重视坡面防护，采取喷锚、主动防护网、坡面绿化等构造措施；

（10）高切坡工程应重视信息化施工。

6.1.7 高填方工程风险

1. 风险因素分析

随着城市用地的紧张，通过高填方形成工程建设场地的项目越来越多，也同时面临一些地质灾害的风险，高填方工程的风险在设计方面的原因主要有：

（1）软土地基高填方工程设计未考虑地基稳定性，导致地基失稳、沉降、地裂缝等地质灾害发生；

（2）大区域高填方设计未考虑阻断地表水与地下室补给、径流、排泄通道，导致的地质灾害问题；

（3）高填方工程设计方案选择不合理，导致地基沉降过大或不均匀沉降，影响新建建筑正常使用；

（4）软土地基高填方设计未考虑场地沉降带来的环境影响问题，导致临近区域意见建构筑物沉降、倾斜、开裂等；

（5）高填方设计未考虑原地基不良地质问题处理；未考虑特殊土地基上高填方的特殊处理措施；

（6）高填方设计未考虑填方边坡、软弱地基共同作用带来的边坡失稳或沉陷；

2. 风险控制要点

为确保高填方施工安全，防止填方边坡滑坡、沉陷等事故发生，高填方设计阶段要综合考虑和采取以下措施：

（1）高填方设计应根据环境保护、工程实际条件，合理选择填筑材料、填筑方法、填方边坡加固措施；

（2）高填方边坡应进行填方体与地基的稳定性和沉降验算，确保满足工程需要；对于填筑体上重要的浅基础建构筑物与设施，尚应根据使用要求控制差异沉降；

（3）大规模高填方设计应考虑原有的地表水体和地下水的导排设计、填筑体的地下与地表排渗系统设计，并应评估地下水水位上升、浸润带来的工程风险，重要工程尚应设置地下水监测井及地下室强排措施；

（4）高填方设计应重视原有地基处理设计，应针对原有地表形态（如明浜、河沟、斜坡等）、特殊土（淤积土、杂填土、湿陷性黄土、膨胀土等）、不良地质（如破碎带、软基等）等采取针对性的加固治理措施；

（5）高填方边坡设计应综合考虑实际施工工况的填筑质量、施工可行性、地基稳定性及地基沉降等因素综合设计，并设置必要的加固措施；高填方边坡应加强坡面防护措施；

（6）软基高填方设计应评估填方施工带来的环境影响，并对重要的建构造物及设施采取合理的施工工艺及必要的保护措施；

（7）高填方施工及运营期间应加强变形监测及环境监测；

（8）针对高填方工程风险，应遵循“事先、事中、事后”三阶段全过程控制的原则；在项目立项实施前，开展详尽调查、研究、论证，认识高填方工程可能存在的风险，采取针对性的技术方案和工程措施。

6.2 大跨度结构

6.2.1 大跨钢结构屋盖坍塌风险

1. 风险因素分析

造成大跨钢结构屋盖坍塌的风险在设计方面的原因是

设计不当引起的，主要有：

（1）结构计算模型各种工况考虑不周；

（2）荷载取值与实际使用情况不符，特别北方地区雪荷载引起的超载影响；

（3）大跨钢结构屋盖稳定性不满足规范要求；

（4）支座刚度取值不合理造成空间杆件内力与实际不符；

（5）没有考虑地基基础不均匀沉降的影响。

2. 风险控制要点

对大跨钢结构屋盖坍塌的风险，设计阶段要综合考虑和采取以下措施：

（1）大跨钢结构屋盖结构设计必须考虑施工安装方案与结构分析计算的一致性，当施工安装方案改变时，必须按调整以后的施工安装工况重新进行结构分析计算；

（2）大跨钢结构屋盖结构设计除满足规范要求外，要考虑非预期荷载影响，应考虑足够的安全储备，另外，在寒冷地区，应考虑温度变化对屋盖结构杆件内力的影响，并应考虑凹凸屋面的造型、采光天窗、女儿墙等引起的积雪超载；

（3）大跨钢结构屋盖结构设计需特别注意整体稳定性分析及杆件稳定性分析；

（4）大跨钢结构屋盖空间结构进行结构分析时，应考虑上部空间结构与下部支撑的结构的相互作用，准确合理确定支座刚度；

（5）在遇到软土地基或湿陷性土质地基时，应考虑不均匀沉降造成的支座沉降和位移对上部空间杆件内力的影响，采用合理的地基基础形式，避免下部结构的不均匀沉降。

6.2.2 雨棚坍塌风险

1. 风险因素分析

造成雨棚坍塌的风险在设计方面的原因主要有：

（1）结构计算或构造设计不当；

（2）对悬挑结构，设计文件没有提出施工程序要求。

2. 风险控制要点

对雨棚坍塌的风险，设计阶段要综合考虑和采取以下措施：

（1）对悬挑结构，设计要确保雨棚的抗倾覆能力；

（2）对有拉杆的悬挑结构，设计要考虑风吸力的影响，确保拉杆受压时的强度和稳定性，同时设计要确保拉杆支座的连接节点的强度和构造合理；

（3）对附于雨棚结构上的各类板件，应有牢靠的连接构造；

6.3 超高层结构

6.3.1 超长、超大截面混凝土结构裂缝风险

1. 风险因素分析

造成超长、超大截面混凝土结构裂缝的风险在设计方

面的原因主要有：

（1）结构方案或构造设计不当；

（2）设计文件没有提出抗裂施工要求。

2. 风险控制要点

对产生超长、超大截面混凝土结构裂缝风险，设计阶段要综合考虑和采取以下措施：

（1）合理选择结构形式，降低结构约束程度，结构平面形状应尽量考虑刚度均匀对称，对外挑、内收等不规则结构，要求设计上作特殊处理；

（2）超长结构设计，应考虑后浇带、膨胀带及膨胀混凝土、纤维混凝土等防裂措施；

（3）通过加强构造配筋，在设计构造上补偿造成裂缝的各种内部应力；

（4）必要时，进行超大面积和超长结构温度应力的有限元分析。

6.3.2 结构大面积漏水风险

1. 风险因素分析

造成结构大面积漏水的风险，在设计方面的原因是设计不当引起的，主要有：

（1）建筑连接部位节点设计构造不当；

（2）结构设计裂缝控制不严。

2. 风险控制要点

对产生结构大面积漏水的风险，设计阶段要综合考虑和采取以下措施：

（1）根据建筑连接部位的特点，谨慎选择节点连接方式及防水构造；

（2）排水口设计考虑防堵塞要求，优化改进拦污排水装置；

（3）屋面雨水口设计数量，除满足规范要求外，在容易积水的敏感部位，设计时应估计特大暴雨的影响；

（4）结构及构件设计采取有利于消除或减小裂缝的措施，构件的裂缝宽度验算限制在允许范围内。

6.4 地铁隧道

6.4.1 盾构始发/到达时发生涌水涌砂、隧道破坏、地面沉降风险

1. 风险因素分析

盾构始发/到达打开洞门时，由于土体自立性较差，导致开挖面土体失稳现象，设计时对正面土体加固范围或加固方法选择不合理；另外盾构对于始发/到达处于粉土层或砂层等具有承压水性的地层时，设计未能给予足够重视，包括未进行承压水处理。

2. 风险控制要点

对于盾构始发处于软弱地层的地段，设计时应进行计算分析，确保加固长度满足要求，对于处于具有承压性的

地段时，设计应进行降承压水处理，使承压水水头控制在安全范围内，同时做好防渗、防突涌措施。

6.4.2 盾构隧道掘进过程中地面沉降、塌方风险

1. 风险因素分析

盾构隧道掘进过程中地面沉降、塌方的风险因素主要是隧道平、纵断面设计不合理或盾构选型不合理。

2. 风险控制要点

（1）在满足城市规划、运营功能的前提下，隧道平面设计时应尽量避免下穿或近距离侧穿建（构）筑物、管线等风险源；

（2）隧道纵断面设计时应避免布置在上下地层硬度存在差异的地层分界区段，尽量在单一、匀质的地层中通过；

（3）盾构选型应适应不同的地层、地下水及周边环境情况；

（4）如无法避免在上下地层硬度存在差异的复合地层中穿越，应对盾构机的适应性提出指导性的意见，如对刀盘、刀具的耐磨性、可换性等提出要求。

6.4.3 区间隧道联络通道集水井涌水并引发塌陷风险

1. 风险因素分析

区间隧道联络通道所处地下水位过深，会导致联络通道集水井下沉时浮力过大，可能引起集水井涌水，甚至引

发联络通道塌陷、地面塌陷等。

2. 风险控制要点

区间隧道联络通道设计时，应根据勘察提供的设计水位进行集水井的抗浮计算，并确保一定的抗浮余量，同时需根据抗浮计算制定合理抗浮施工措施。

6.4.4 联络通道开挖过程中发生塌方引起地面坍塌风险

1. 风险因素分析

联络通道开挖过程中发生塌方引起地面坍塌的风险因素如下：

（1）联络通道所处位置存在围岩突变；

（2）勘察、设计对地质突变认知有误；

（3）超前支护无效果或未达到预期效果；

（4）未考虑到邻近铁路等列车震动荷载的影响；

（5）冻结法加固设计参数选择不合理。

2. 风险控制要点

对于联络通道开挖过程中发生塌方的风险，设计中应结合地质情况及周边震动荷载的影响，采取适当的地质加固措施。

6.4.5 矿山法塌方事故风险

1. 风险因素分析

矿山法塌方事故的风险因素如下：

（1）设计采用的地质力学模型过于简化，忽略了地质构造的不连续性；

（2）设计计算相关参数取值不合理；

（3）隧道经过人工填土等不良地质区段时，未对不良地质条件进行恰当处理。

2. 风险控制要点

矿山法隧道设计中，需结合勘察提供的地质信息，根据围岩、地层特征选取合适的地质模型及相关计算参数。对于隧道范围内存在填土等不良地质区段，需根据地勘提出具体的加固措施及加固参数要求；同时需对隧道开挖过程中的现场地质情况反馈，进行有针对性的动态设计。

7 施工阶段的风险控制要点

7.1 地基基础

7.1.1 桩基断裂风险

1. 风险因素分析

（1）桩原材料不合格；

（2）桩成孔质量不合格；

（3）桩施工工艺不合理；

（4）桩身质量不合格。

2. 风险控制要点

（1）钢筋、混凝土等原材料应选择正规的供应商；

（2）加强对原材料的质量检查，必要时可取样试验；

（3）钻机安装前，应将场地整平夯实；

（4）机械操作员应受培训，持证上岗；

（5）成桩前，宜进行成孔试验；

（6）对桩孔径、垂直度、孔深及孔底虚土等进行质量验收；

（7）根据土层特性，确定合理的桩基施工顺序；

（8）应结合桩身特性、土层性质，选择合适的成桩机械；

（9）混凝土配合比应通过试验确定，商品混凝土在现场不得随意加水；

（10）混凝土浇筑前，应测孔内沉渣厚度，混凝土应连续浇筑，并浇筑密实；

（11）钢筋笼位置应准确，并固定牢固；

（12）开挖过程中严禁机械碰撞，野蛮截桩等行为。

7.1.2 高填方土基滑塌风险

1. 风险因素分析

（1）下部存在软弱土层，在高填方作用下会产生滑移；

（2）施工速度较快，使得地基土中孔隙水的压力来不及消散，有效应力降低，抗剪强度降低；

（3）存在渗透水压力的作用。

2. 风险控制要点

（1）处理软弱层地基。对地基处理技术进行现场承载力试验，确定合理的承载力设计值；

（2）加强地表和地下综合排水措施；

（3）比选抗滑桩加坡脚外的反压护道、放缓边坡坡率、加设挡土墙和加筋土处理等方案，择优或组合选定设计方案；

（4）控制回填土的成分和压实质量；

（5）监控高填方填筑过程，确定适宜的施工控制参数。

7.1.3 高切坡失稳风险

1. 风险因素分析

（1）勘察未查清岩土体结构面、软弱面的空间分布规律，结构面、软弱面的岩土强度参数，边坡变形破坏模式等；

（2）施工单位无高切坡施工经验；

（3）未按设计要求施工；

（4）不按逆作法施工，一次性切坡开挖高度过高等。

2. 风险控制要点

（1）应不断提高和改进边坡勘察方法和手段，提高勘察成果质量，但有些地质缺陷，如裂隙、软弱夹层等，其隐蔽性较强，抗剪强度参数确定较难，因此强调边坡开挖过程中要注意地质调查核实，及时反馈地质信息，必要时进行施工勘察；

（2）应按设计要求进行，施工中发现的异常情况或与勘察、设计有出入的问题应及时反馈信息；

（3）加强勘察期、施工期以及边坡运行期的监测工作，动态掌握边坡的变形发展情况，最大限度降低边坡事故带来的经济财产损失。

7.1.4 深基坑边坡坍塌风险

1. 风险因素分析

（1）地下水处理方法不当；

（2）对基坑开挖存在的空间效应和时间效应考虑不周；

（3）对基坑监测数据的分析和预判不准确；

（4）基坑围护结构变形过大；

（5）围护结构开裂、支撑断裂破坏；

（6）基坑开挖土体扰动过大，变形控制不力；

（7）基坑开挖土方堆置不合理，坑边超载过大；

（8）降排水措施不当；

（9）止水帷幕施工缺陷不封闭；

（10）基坑监测点布设不符合要求或损毁；

（11）基坑监测数据出现连续报警或突变值未被重视；

（12）坑底暴露时间太长；

（13）强降雨冲刷，长时间浸泡；

（14）基坑周边荷载超限。

2. 风险控制要点

（1）应保证围护结构施工质量；

（2）制定安全可行的基坑开挖施工方案，并严格执行；

（3）遵循时空效应原理，控制好局部与整体的变形；

（4）遵循信息化施工原则，加强过程动态调整；

（5）应保障支护结构具备足够的强度和刚度；

（6）避免局部超载、控制附加应力；

（7）应严禁基坑超挖，随挖随支撑；

（8）执行先撑后挖、分层分块对称平衡开挖原则；

（9）遵循信息化施工原则，加强过程动态调整；

（10）加强施工组织管理，控制好坑边堆载；

（11）应制定有针对性的浅层与深层地下水综合治理措施；

（12）执行按需降水原则；

（13）做好坑内外排水系统的衔接；

（14）按规范要求布设监测点；

（15）施工过程应做好对各类监测点的保护，确保监测数据连续性与精确性；

（16）应落实专人负责定期做好监测数据的收集、整理、分析与总结；

（17）应及时启动监测数据出现连续报警与突变值的应急预案；

（18）合理安排施工进度，及时组织施工；

（19）开挖至设计坑底标高以后，及时验收，及时浇筑混凝土垫层。

（20）控制基坑周边荷载大小与作用范围；

（21）施工期间应做好防汛抢险及防台抗洪措施。

7.1.5 坑底突涌风险

1. 风险因素分析

（1）止水帷幕存在不封闭施工缺陷，未隔断承压水层；

（2）基底未作封底加固处理或加固质量差；

（3）减压降水井设置数量、深度不足；

（4）承压水位观测不力；

（5）减压降水井损坏失效；

（6）减压降水井未及时开启或过程断电；

（7）在地下水作用下、在施工扰动作用下底层软化或液化。

2. 风险控制要点

（1）具备条件时应尽可能切断坑内外承压水层的水力联系，隔断承压含水层；

（2）基坑内局部深坑部位应采用水泥土搅拌桩或旋喷桩加固，并保证其施工质量；

（3）通过计算确定减压降水井布置数量与滤头埋置深度，并通过抽水试验加以验证；

（4）坑内承压水位观测井应单独设置，并连续观测、记录水头标高；

（5）在开挖过程中应采取保护措施，确保减压降水井的完好性；

（6）按预定开挖深度及时开启减压降水井，并确保双电源供电系统的有效性。

7.1.6 地下结构上浮风险

1. 风险因素分析

（1）抗拔桩原材料不合格；

（2）地下工程施工阶段未采取抗浮措施；

（3）抗浮泄水孔数量不足或提前封井；

（4）施工降水不当；

（5）顶板覆土不及时；

（6）抗拔桩施工质量不合格。

2. 风险控制要点

（1）正确选择沉桩工艺，严格工艺质量；

（2）应考虑施工阶段的结构抗浮，制定专项措施；

（3）与设计沟通确定泄水孔留设数量与构造方法，并按规定时间封井；

（4）项目应编制施工降水方案，根据土质情况选择合适的降水方案；

（5）应向施工人员进行降水方案交底，根据方案规定停止降水；

（6）施工场地排水应畅通，防止地表水倒灌地下室；

（7）根据施工进度安排，及时组织覆土；

（8）覆土应分层夯实，土密实度应符合设计要求；

（9）项目应施工人员进行技术交底，应按图施工；

（10）加强对桩身质量的检查，抗拉强度应符合设计规定，必要时可取样试验。

7.2 大跨度结构

7.2.1 结构整体倾覆风险

1. 风险因素分析

（1）基础承载力不足、断桩；

（2）基础差异沉降过大；

（3）主体结构材料或构件强度不符合设计要求；

（4）相邻建筑基坑施工影响；周侧开挖基坑过深、变形过大。

2. 风险控制要点

（1）应保证地质勘查质量，确保工程设计的基础性资料的正确性；

（2）正确选择沉桩工艺，严格工艺质量；

（3）应注意土方开挖对已完桩基的保护；

（4）加强施工过程中的沉降观测，控制好基础部位的不均匀沉降；

（5）加强对原材料的检查，按规定取样试验；

（6）做好对作业层的技术交底，确保按图施工；

（7）主体结构施工要加强隐蔽验收，确保施工质量；

（8）基坑施工方案应考虑对周边建筑的影响，要通过技术负责人的审批及专家论证；

（9）基坑施工时，应加强对周边建筑变形及应力的监测，并准备应急方案；

（10）注意相邻基坑开挖施工协调，避免开挖卸荷对已完基础结构的影响。

7.2.2 超长、超大截面混凝土结构裂缝风险

1. 风险因素分析

（1）后浇带、诱导缝或施工缝设置不当；

（2）配合比设计不合理；

（3）浇筑、养护措施不当；

（4）不均匀沉陷。

（5）温度应力超过混凝土开裂应力。

2. 风险控制要点

（1）按设计与有关规范要求正确留设后浇带、诱导缝以及施工缝；

（2）应制定针对性的混凝土配合比设计方案；

（3）按照设计与有关规范要求进行浇筑与养护；

（4）确保地基基础的施工质量，符合设计要求；

（5）模板支撑系统应有足够的承载力和刚度，且拆模时间不能过早，应按规定执行；

（6）监测混凝土温度应力，不应大于混凝土开裂应力。

7.2.3 超长预应力张拉断裂风险

1. 风险因素分析

（1）预应力筋断裂；

（2）锚具（或夹具）组件破坏；

（3）张拉设备故障。

2. 风险控制要点

（1）预应力筋材料选择正规的供应商，进场时除提供合格证检验报告外，还应按要求取样送检；

（2）应对外观等进行质量检查，合格后方可使用；

（3）张拉速度应均匀且不宜过快，要符合规范要求；

（4）选择原材料质量有保证的厂家产品，并应提供产品合格证和检验报告等资料；

（5）进场时应按批量取样检验，合格后方可使用；

（6）张拉设备的性能参数应满足张拉要求；

（7）张拉设备的安装应符合规范及设计要求；

（8）张拉前，应检查张拉设备是否可以正常运行。

7.2.4 大跨钢结构屋盖坍塌风险

1. 风险因素分析

（1）地基塌陷；

（2）钢结构屋盖细部施工质量差；

（3）非预期荷载的影响；

（4）现场环境的敏感影响。

2. 风险控制要点

（1）加强地基基础工程施工质量监控，按时进行沉降观测；

（2）钢结构拼装时应采取措施消除焊接应力，控制焊接变形；

（3）项目应加强对屋盖细部连接节点部位的施工质量监控；

（4）应做好钢结构的防腐、防锈处理；

（5）设计应考虑足够的安全储备；

（6）设计应考虑温度变化对钢结构屋盖的影响。

7.2.5 大跨钢结构屋面板被大风破坏风险

1. 风险因素分析

（1）设计忽视局部破坏后引起整个屋面的破坏；

（2）金属屋面的抗风试验工况考虑不够全面；

（3）屋面系统所用的各种材料不满足要求；

（4）咬边施工不到位，导致咬合力不够；

（5）特殊部位的机械咬口金属屋面板未采用抗风增强措施。

2. 风险控制要点

（1）设计应考虑局部表面饰物脱落或屋面局部被掀开以致整个屋面遭受风荷载破坏的情况；

（2）应进行金属屋面的抗风压试验，并考虑诸多影响因素，如当地气候、50 年或 100 年一遇的最大风力、地面地形的粗糙度、屋面高度及坡度、阵风系数、建筑物的封闭程度、建筑的体形系数、周围建筑影响、屋面边角及中心部位、设计安全系数等；

（3）屋面系统所用的各种材料（包括表面材料、基层材料、保温材料、固定件）均应满足要求；

（4）保证咬合部位施工质量较好，提高极限承载力有明显，金属屋面要采用优质机械咬口；

（5）特殊部位的机械咬口金属屋面板可采用抗风增强夹提高抗风能力。

7.2.6 钢结构支撑架垮塌风险

1. 风险因素分析

（1）支撑架设计有缺陷；

（2）平台支撑架搭设质量不合格；

（3）钢结构安装差，控制不到位，累计差超出规范值；

（4）拆除支架方案不当。

2. 风险控制要点

（1）应选择合理的安装工序，并验算支撑架在该工况下的安全性；

（2）应对施工人员进行交底，支撑架应按照规定的工序进行安装；

（3）支撑架搭设后，项目应组织进行检查，合格后方可使用；

（4）应编制拆除方案，明确拆除顺序，并验算支撑架在该工况下的安全性；

（5）应向施工人员进行拆除方案及安全措施交底；

（6）应督查施工人员按照拆除方案拆除支架。

7.2.7 大跨度钢结构滑移（顶升）安装坍塌风险

1. 风险因素分析

（1）滑移（顶升）系统设计有缺陷；

（2）滑移轨道不平整；

（3）顶升点布置错误；

（4）滑移（顶升）各点不同步；

（5）滑移支架失稳；

（6）液压系统不同步或出现其它故障；

（7）滑移（顶升）架体变形等。

2. 风险控制要点

（1）滑移（顶升）系统的设计应满足规范的计算和构造要求；

（2）滑移（顶升）系统的设计方案应验算滑移及顶升施工工况下的可行性；

（3）滑移（顶升）系统的设计方案应经企业技术负责人审批、专家论证后方可实施；

（4）滑移轨道的安装精度应符合规范要求；

（5）质量部门应验收轨道的平整度，确保符合要求；

（6）应对施工人员进行交底，顶升点的布置应按照设计图纸；

（7）质量部门应验收顶升点的布置位置及编号，确保布置正确；

（8）明确滑移（顶升）速度，保证位移同步；

（9）液压系统同步并确保无其它故障；

（10）运行前，应检查设备是否正常；

（11）滑移（顶升）时，设专人指挥，并在滑轨上标出每次滑移尺寸；

（12）滑移支架应进行设计计算后确定搭设方案；荷

载设计时，应考虑滑移牵引力的影响，必要时可进行滑移试验；

（13）支架应由专业架子工进行搭设，并经质量安全检查验收后方可投入使用；

（14）滑移过程中，应监测支架的内力和变形，确保其不超过规范限值；

（15）应验算滑移（顶升）施工工况下钢结构的刚度和整体稳定性，不足时应与设计方联系，适当增大结构杆件断面，或采取其他措施加强刚度；

（16）钢结构拼装时增加其施工起拱值。

7.3 超高层结构

7.3.1 核心筒模架系统垮塌与坠落风险

1. 风险因素分析

超高层建筑多采用核心筒先行的阶梯状流水施工方式，核心筒是其他工程施工的先导，其竖向混凝土构件施工主要采用液压自动爬升模板工程技术、整体提升钢平台模板工程技术，这两种模板工程系统装备多是将模板、支撑、脚手架以及作业平台按一体化、标准化、模块化与工具式设计、制作、安装，并利用主体结构爬升进行高空施工作业。由于施工高度高、作业空间狭小、工序多、工艺复杂且受风荷载影响大等施工环境的约束显著，因此，这些模架系统的实际应用最主要的风险是整体或是局部的垮塌与坠落，分析归纳这一风险的因素主要有以下几点：

（1）系统装备与工艺方案设计不合理；

（2）支承、架体结构选材、制作及安装不符合设计与工艺要求；

（3）操作架或作业平台施工荷载超限；

（4）同步控制装置失效；

（5）整体提（爬）升前混凝土未达到设计强度；

（6）提升或下降过程阻碍物未清除；

（7）附着支座设置不符合要求；

（8）防倾、防坠装置设置不当失效。

2. 风险控制要点

为确保安全，针对超高层结构核心筒模架系统存在的整体或是局部垮塌与坠落风险，结合前述两种类型模架体系的工艺特点，制定液压自动爬升模板系统风险及整体爬升钢平台模板系统风险控制要点。

液压自动爬升模板系统风险控制要点：

（1）采用液压爬升模板系统进行施工的设计制作、安装拆除、施工作业应编制专项方案，专项方案应通过专家论证；爬模装置设计应满足施工工艺要求，必须对承载螺栓、支承杆和导轨主要受力部件分别按施工、爬升和停工三种工况进行强度、刚度及稳定性计算；

（2）核心筒水平结构滞后施工时，施工单位应与设计单位共同确定施工程序及施工过程中保持结构稳定的安全技术措施；

（3）爬模装置应由专业生产厂家设计、制作，应进行产品制作质量检验。出厂前应进行至少两个机位的爬模装置安装试验、爬升性能试验和承载试验，并提供试验报告；

（4）固定在墙体预留孔内的承载螺栓在垫板、螺母以外长度不应少于3个螺距。垫板尺寸不应小于100mm×100mm×10mm；锥形承载接头应有可靠锚固措施，锥体螺母长度不应小于承载螺栓外径的3倍，预埋件和承载螺栓拧入锥体螺母的深度均不得小于承载螺栓外径的1.5倍；

（5）采用千斤顶的爬模装置，应均匀设置不少于10%的支承杆埋入混凝土，其余支承杆的底端埋入混凝土中的长度应大于200mm；

（6）单块大模板的重量必须满足现场起重机械要求。单块大模板可由若干标准板组拼，内外模板之间的对拉螺栓位置必须相对应；

（7）液压爬升系统的油缸、千斤顶选用的额定荷载不应小于工作荷载的2倍。支承杆的承载力应能满足千斤顶工作荷载要求；

（8）架体、提升架、支承杆、吊架、纵向连系梁等构件所用钢材应符合现行国家标准的有关规定。锥形承载接头、承载螺栓、挂钩连接座、导轨、防坠爬升器等主要受力部件，所采用钢材的规格和材质应符合设计文件要求；

（9）架体或提升架宜先在地面预拼装，后用起重机械吊入预定位置。架体或提升架平面必须垂直于结构平面，架体、提升架必须安装牢固；

（10）防坠爬升器内承重棘爪的摆动位置必须与油缸活塞杆的伸出与收缩协调一致，换向可靠，确保棘爪支承在导轨的梯挡上，防止架体坠落；

（11）爬升施工必须建立专门的指挥管理组织，制定管理制度，液压控制台操作人员应进行专业培训，合格后方可上岗操作，严禁其他人员操作；

（12）爬模装置爬升时，承载体受力处的混凝土强度必须大于10MPa，并应满足爬模设计要求；

（13）架体爬升前，必须拆除模板上的全部对拉螺栓及妨碍爬升的障碍物；清除架体上剩余材料，翻起所有安全盖板，解除相邻分段架体之间、架体与构筑物之间的连接，确认防坠爬升器处于爬升工作状态；确认下层挂钩连接座、锥体螺母或承载螺栓已拆除；检查液压设备均处于正常工作状态，承载体受力处的混凝土强度满足架体爬升要求，确认架体防倾调节支腿已退出，挂钩锁定销已拔出；架体爬升前要组织安全检查；

（14）架体可分段和整体同步爬升，同步爬升控制参数的设定：每段相邻机位间的升差值宜在1/200以内，整体升差值宜在50mm以内；

（15）对于千斤顶和提升架的爬模装置，提升架应整体同步爬升，提升架爬升前检查对拉螺栓、角模、钢筋、脚手板等是否有妨碍爬升的情况，清除所有障碍物；千斤顶每次爬升的行程为50mm～100mm，爬升过程中吊平台上应有专人观察爬升的情况，如有障碍物应及时排除并通知总指挥；

（16）爬模装置拆除前，必须编制拆除技术方案，明确拆除先后顺序，制定拆除安全措施，进行安全技术交底。采用油缸和架体的爬模装置，竖直方向分模板、上架体、下架体与导轨四部分拆除。采用千斤顶和提升架的爬模装置竖直方向不分段，进行整体拆除。

整体爬升钢平台模板系统风险控制要点：

（1）整体钢平台装备的设计制作、安装拆除、施工作业应编制专项方案，专项方案应通过专家论证；

（2）整体钢平台系统装备的设计应根据施工作业过程中的各种工况进行设计，并应具有足够的承载力、刚度、整体稳固性；

（3）整体钢平台装备结构的受弯构件、受压构件及受拉构件均应验算相应承载力与变形；

（4）整体钢平台装备筒架支撑系统、钢梁爬升系统、钢平台系统竖向支撑限位装置的搁置长度应满足设计要求，支撑牛腿应有足够的承载力；

（5）整体钢平台装备结构与混凝土结构的连接节点应验算连接强度；混凝土结构上支撑整体钢平台装备结构的部位应验算混凝土局部承压强度；

（6）整体钢平台装备钢平台系统以及吊脚手架系统周边应采用全封闭方式进行安全防护；吊脚手架底部以及支

撑系统或钢梁爬升系统底部与结构墙体间应设置防坠闸板；

（7）整体钢平台装备在安装和拆除前，应根据系统构件受力特点以及分块或分段位置情况制定安装和拆除的顺序以及方法，并应根据受力需要设置临时支撑，并应确保分块、分段部件安装和拆除过程的稳固性；

（8）钢构件制作前，应由设计人员向制作单位进行专项技术交底；制作单位应根据交底内容和加工图纸进行材料分析，并应对照构件布置图与构件详图，核定构件数量、规格及参数；

（9）制作所用材料和部件应由材料和部件供应商提供合格的质量证明文件，其品种、规格、质量指标应符合国家产品标准和订货合同条款，并应满足设计文件的要求；

（10）整体钢平台装备中，螺栓连接节点与焊接节点的承载力应根据其连接方式按现行国家标准《钢结构设计规范》GB 50017 的有关规定进行验算。

（11）整体钢平台装备在安装完成后，应由第三方的建设机械检测单位进行使用前的性能指标和安装质量检测，检测完成后应出具检验报告；

（12）整体钢平台装备钢平台系统、吊脚手架系统、筒架支撑系统上的设备、工具和材料放置应有具体实施方案，钢平台上应均匀堆放荷载，荷载不得超过设计要求，不得集中堆载，核心筒墙体外侧钢平台梁上不得堆载；

（13）整体钢平台装备筒架支撑系统、钢梁爬升系统竖向支撑限位装置搁置于混凝土支撑牛腿、钢结构支撑牛腿时，支撑部位混凝土结构实体抗压强度应满足设计要求，且不应小于20MPa；整体钢平台装备钢柱爬升系统支撑于混凝土结构时，混凝土结构实体抗压强度应满足设计要求，且不应小于15MPa；

（14）整体钢平台装备爬升后的施工作业阶段应全面检查吊脚手架系统、筒架支撑系统或钢梁爬升系统底部防坠闸板的封闭性，并应防止高空坠物；

（15）整体钢平台爬升作业时，隔离底部闸板应离墙50mm，钢平台系统、吊脚手架系统、模板系统应无异物钩挂，模板手拉葫芦链条应无钩挂；

（16）整体钢平台装备宜设置位移传感系统、重力传感系统。施工作业应安装不少于2个自动风速记录仪，并应根据风速监测数据对照设计要求控制施工过程；

（17）在台风来临前，应对整体钢平台装备进行加固，遇到八级（包含八级）以上大风、大雪、大雾或雷雨等恶劣天气时，严禁进行整体钢平台装备的爬升。遇大雨、大雪、浓雾、雷电等恶劣天气时必须停止使用；

（18）钢筋绑扎及预埋件的埋设不得影响模板的就位及固定；起重机械吊运物件时严禁碰撞整体爬升钢平台；

（19）施工现场应对整体钢平台装备的安装、运行、使用、维护、拆除各个环节建立完善的安全管理体系，制定安全管理制度，明确各单位、各岗位人员职责。

7.3.2 核心筒外挂内爬塔吊机体失稳倾翻、坠落风险

1. 风险因素分析

超高层建筑钢结构安装多采用高空散拼安装工艺，即逐层（流水段）将钢结构框架的全部构件直接在高空设计位置拼成整体，一般在施工到一定高度后即采用塔吊高空散拼安装工艺。目前，针对超高层建筑的结构形式广泛采用钢筋混凝土循环周转的外挂支撑体系将塔吊悬挂于核心筒外壁的附着形式，在施工核心筒-钢结构外框架结构时既能随核心筒施工进度持续爬升，又避免了塔身穿过楼板等不利因素；另一方面，这种外挂内爬式塔吊施工方式，既解决了核心筒内部缺少塔吊布置空间的难题，又缩短了钢结构外框筒构件吊装半径，便于重型构件吊装。内爬外挂支撑体系的结构形式有“斜拉式”与“斜撑式”两种。由于塔吊设备自重以及吊装构件重量大，且需要利用已完核心结构外挂，悬挂系统与爬升工艺复杂，高空作业受风荷载影响大，因此，内爬外挂塔吊系统设计、制作、安装以及塔机爬升作业过程控制不当，极易会发生塔吊的机体失稳倾翻、坠落事故。其主要风险因素包括：

（1）悬挂系统（外挂架）结构整体与构件连接节点设计不合理；

（2）附着预埋件设计不规范、施工偏差大；

（3）外挂架架体构件选材、制作及安装不符合设计与工艺要求；

（4）爬升支承系统附着区域的核心筒混凝土强度等级未达到设计要求；

（5）塔吊作业时未做到两套悬挂系统协同工作。

2. 风险控制要点

（1）采用外挂内爬式塔吊的设计、制作、安装拆除、爬升作业等应编制专项方案，专项方案应通过有关专家论证；

（2）外挂系统应根据混凝土结构的状况、塔吊可用空间与回转半径、塔吊自重与吊装重量情况等多种因素进行设计，并合理选择下撑杆形式、上拉杆形式、上拉杆与下撑杆结合形式及局部加强技术；

（3）应配置三套悬挂系统，塔吊作业时两套悬挂系统协同作业，爬升时三套悬挂系统交替工作；

（4）悬挂系统外挂架的设计应按照选用塔吊在工作与非工作状态下的实际荷载以及不同荷载组合，着重考虑风荷载的作用，选择最不利荷载工况进行塔吊支承系统分析计算，应考虑斜撑杆单独支承爬升梁工况、斜拉索单独支承爬升梁工况以及斜撑杆和斜拉索共同作用的三种工况，以提高安全度；

（5）针对外挂架结构与主要节点的连接验算应采用大型有限元分析软件建模分析计算；

（6）在塔吊最不利荷载组合下的核心筒墙体结构变形和强度应满足规范及施工要求，当不满足时应采取适当的加固措施；

（7）外挂架的各构件之间均应采用易于拆卸的高强度销轴进行单轴固定，以适应施工过程中不断的拆卸与安装；同时要对节点作受力性能分析，以验证受力计算的可靠性；

（8）预埋件应根据《混凝土结构设计规范》GB50010进行设计，设计时应取核心筒混凝土较低一级强度等级验算，锚筋直径大于20的应采用穿孔塞焊；

（9）在核心筒剪力墙钢筋绑扎过程中按照埋件定位图将塔吊附墙埋件埋入指定位置，复核埋件的平面位置及标高后将埋件与剪力墙钢筋点焊固定牢靠，埋件埋设的过程务必按图施工，避免用错埋件及埋件方向装反的情况发生；

（10）外挂架承重横梁、斜拉杆、水平支承杆等各部位零部件进场后，应按照设计图纸对其材质、数量、尺寸、外观质量等进行复检，合格后方可进行下一步架体的拼装；

（11）应按照设计图纸明确的程序安装附墙外挂架结构；先整片式安装第1、第二个支撑架，待塔吊安装后，再分片安装第三个支撑架；每道支撑框架按照横梁→次梁→斜拉杆→水平支撑的顺序依次安装；

（12）耳板竖板与埋件间焊缝为全熔透焊缝等级为一级，要求100%探伤检查；

（13）在悬挂机构安装完成后，应由第三方的建设机械检测单位进行使用前的性能指标和安装质量检测，检测完成后应出具检验报告；塔机安装完成后，经空载调试，确认无误后即可按照塔机试吊步骤逐步完成空载、额定载荷、动载和超载试验，经检测合格后报当地技术监督和安监部门，经验收合格后投入使用；

（14）塔机爬升作业应执行工艺要求与规定的作业程序；确保三套悬挂系统交替工作；

（15）爬升前应将塔吊上及与塔吊相连的构件、杂物清理干净，非塔吊用电缆梳理并迁移离开塔吊，确保塔吊为独立体系，不与相邻其他结构或构件碰撞；

（16）爬升结束后应及时检测塔吊垂直度，如发现塔吊垂直度大于3/1000，需要将塔吊顶起稍许，用垫块调整塔吊的垂直度，直至小于等于3/1000为止；其次检查塔吊底部所处的外挂支撑系统的各埋件处的混泥土是否有变形、开裂、埋件与外挂支撑系统的各连接焊缝有无开焊、杆件有无变形等；

（17）当预知爬升当天当地风力大于6级（风速超过10.8 m/s ~13.8m/s）时，应立即停止塔机爬升作业，并将塔机固定牢靠；

（18）塔式起重机作业时严禁超载、斜拉和起吊埋在地下等不明重量的物件。当天作业完毕，起重臂应转到顺风方向，并应松开回转制动器，起重小车及平衡重应置于非工作状态。

7.3.3 超高层建筑钢结构桁架垮塌、坠落风险

1. 风险因素分析

超高层建筑结构一方面要适应结构巨型化发展趋势，

应用钢结构桁架提高结构抵抗侧向荷载的能力，如带状桁架和外伸桁架；另一方面要满足超高层建筑功能多样化的需要，应用钢结构桁架实现建筑功能转换，在其内部营造大空间，如转换桁架。

钢结构桁架安装多采用支架散拼安装工艺、整体提升安装工艺以及悬臂散拼安装工艺，或是几种工艺的综合应用。其主要施工特点是构件重量大、整体性要求高、厚板焊接难度大，特别是往往位于数十米，甚至数百米高空作业，临空作业多，施工控制难度大，技术风险大。因此，钢结构桁架深化设计、制作、安装与过程控制不当，极易会发生整体或是局部垮塌、坠落事故。其主要风险因素包括：

（1）深化设计、安装工艺技术路线选定不合理；

（2）工艺流程及施工方法、措施不符合设计与施工方案；

（3）临时支承结构设计不合理，搭设质量不合格；

（4）提升支承结构设计不合理，安装质量不合格；

（5）临时加固措施不到位，被提升结构不稳定；

（6）长距离提升同步性差，提升过程晃动明显；

（7）施工控制不到位。

2. 风险控制要点

（1）钢结构桁架深化设计应综合结构特点、受力要求、作业条件、设备性能、拟采用的安装工艺等实际情况与不利因素，满足构造、施工工艺、构件运输等有关技术要求；并应考虑与其他相关专业的衔接与施工协调；

（2）当在正常使用或施工阶段因自重或其他荷载作用，发生超过设计文件或国家现行有关标准规定的变形限值，或者设计文件对主体结构提出预变形要求时，应在深化设计时对结构进行变形预调设计；

（3）节点深化设计应做到构造简单，传力明确，整体性好、安全可靠，施工方便，连接破坏不应先于被连接构件破坏；

（4）原设计应对深化设计的结构或构件分段、重要节点方案以及构件定位（平面和立面）、截面、材质及节点（断点位置、形式、连接板、螺栓等）等予以确认；

（5）安装工艺的选定应立足安全可控，综合桁架结构和构造特点、施工技术条件等综合确定，并宜采取多方案的建模与工况模拟数值分析，选择具有一定安全储备，安全系数高的方案；

（6）当钢结构施工方法或施工顺序对结构的内力和变形产生影响，或设计文件有特殊要求时，应进行施工阶段结构分析，并应对施工阶段结构的强度、稳定性和刚度进行验算。施工阶段结构验算，应提交结构设计单位审核。

（7）有关临时支承（撑）结构的设计要点：

1）当结构强度或稳定性达到极限时可能会造成主体结构整体破坏的，应设置可靠的承重支架或其他安全措施；

2）施工阶段临时支承结构和措施应按施工状况的荷

载作用，对结构进行强度、稳定性和刚度验算。对连接节点应进行强度和稳定验算；

3）若临时支承结构作为设备承载结构时，如滑移轨道、提升牛腿等，应作专项设计；

4）当临时支承结构或措施对结构产生较大影响时应提交原设计单位确认。

（8）临时支承结构的拆除顺序和步骤应通过分析计算确定，并应编制转向施工方案，必要时应经专家论证；

（9）采用整体提升安装工艺的方案设计要点：

1）被提升结构在施工阶段的受力宜与最终使用状态接近，宜选择原有结构支承点的相应位置作为提升点；

2）提升高重心结构时，应计算被提升结构的重心位置；当抗倾覆力矩小于倾覆力矩的1.2倍时，应增加配重、降低重心或设置附加约束；

3）被提升结构提升点的确定、结构的调整和支承连接构造，应有结构设单位确认；

4）利用原有结构的竖向支承系统作为提升支承系统或其一部分的，应验算提升过程对原有结构的影响。

（10）钢结构桁架的施工应编制专项施工方案，包括施工阶段的结构分析和验算、结构预变形设计、临时支承结构或是施工措施的设计、施工工艺与工况详图等；专项方案应通过有关专家论证；

（11）钢结构制作和安装所用的材料应符合设计文件、专项施工方案以及国家现行有关标准的规定；

（12）有关临时支承（撑）结构施工的控制要点：

1）临时支承（撑）结构严禁与起重设备、施工脚手架等连接；

2）当承受重载或是跨空和悬挑支撑结构以及其他认为危险性大的重要临时支撑结构应进行预压或监测；

3）支承（撑）结构在安装搭设过程中临时停工，应采取安全稳固措施；

4）支承（撑）结构上的施工荷载不得超过设计允许荷载；使用过程中，严禁拆除构配件；

5）当有六级及以上强风、浓雾、雨或雪天气时，应停止安装搭设及拆除作业。

（13）钢结构安装时，应分析日照、焊接等因素可能引起的构件伸缩或变形，并应采取相应措施；

（14）采用整体提升法施工时，结构上升或落位的瞬间应控制其加速度，建议控制在0.1g以内；

（15）结构提升时应控制各提升点之间的高度偏差，使其提升过程偏差在允许范围之内；

（16）大跨度钢桁架施工应分析环境温度变化对结构的影响，并应根据分析结果选取适当的时间段和环境温度进行结构合拢施工；设计有要求时，应满足设计要求；

（17）为保证转换桁架受载后处于水平状态，应采用预变形法，即根据结构分析结果，在加工制作和安装时对转换桁架实施起拱；为保证坐落在转换层桁架上的楼层面在施工过程中始终处于水平状态则可采用预应力法和设置同步补偿装置的标高同步补偿法施工控制技术；

（18）对于外伸桁架的施工过程主要应控制附加内力，可采用与补偿法和二阶段安装法控制技术。

7.3.4 施工期间火灾风险

1. 风险因素分析

超高层建筑由于工程体量大、施工工艺复杂、施工分包单位多、交叉作业多、，施工作业层（面）临时用电设备多、易燃可燃材料多、堆放杂乱，焊接、切割等动火作业频繁，若疏于管理，则极易引发火灾，并且火灾面积蔓延迅速，人员疏散困难，消防救援设施难以达到失火点高度等一系列消防安全问题。因此，超高层建筑施工对消防安全提出了严峻的挑战，相应的消防安全技术和管理是一大难题。其主要风险因素包括：

（1）易燃可燃材料多，物品堆放杂乱；

（2）施工现场临时用电设备较多，且电气线路较杂乱；

（3）动火作业点多面光，特别是钢结构焊接点位密集；

（4）作业面狭小，人员相对密集，疏散困难；

（5）施工过程中，楼梯间、电梯井没有安装防火门；

（6）施工现场缺少可靠的灭火器材，临时施工用水，供水水量、水压等都不能满足消防要求；

（7）施工现场道路不通畅，消防车无法靠近火场，外部消防无法进行有效支援。

2. 风险控制要点

（1）施工总平面布局应有合理的功能分区，各种建（构）筑物及临时设施之间应符合要求的防火间距。施工现场应有环形消防车道，尽端式道路应设回车场。消防车道的宽度、净高和路面承载力应能满足大型消防车的要求；

（2）现场消防用水水压、水量必须能到达最高点施工作业面，施工消防必须遵守《建设工程施工现场消防安全技术规范》GB 50702 的要求，若超高层楼层较高，必须在相应楼层设置中转消防水箱，水箱容量应通过计算确定；

（3）施工需要施工用水池（箱）、水泵及输水立管，可以利用兼作消防设施。施工用水池（箱）可兼作消防水池；施工水泵可准备两台（一用一备）兼作消防水泵，应保证消防用水流量和一定的扬程；施工输水立管可兼作消防竖管，管径不应小于 100mm；建筑周围应设一定数量的室外临时消火栓，每个楼层应设室内临时消火栓、水带和水枪。在施工现场重点部位应配备一定数量的移动灭火器材；

（4）在适宜位置搭建疏散通道设施，在内外框交错施工的同时，可在外框电梯以外，搭设相互联系的施工通道，平时作为工作登高设施，特殊情况下作为人员紧急疏散通道；

（5）木料堆场应分组分垛堆放，组与组之间应设有消防通道；木材加工场所严禁吸烟和明火作业，刨花、锯末等易燃物品应及时清扫，并倒在指定的安全地点；

（6）现场焊割操作工应该持证上岗，焊割前应该向有关部门申请动火证后方可作业；焊割作业前应清除或隔离周围的可燃物；焊割作业现场必须配备灭火器材；对装过易燃、可燃液体和气体及化学危险品的容器，焊割前应彻底清除；

（7）油漆作业场所严禁烟火；漆料应设专门仓库存放，油漆车间与漆料仓库应分开；漆料仓库宜远离临时宿舍和有明火的场所；

（8）电器设备的使用不应超过线路的安全负荷，并应装有保险装置；应对电器设备进行经常性的检查，检查是否有短路、发热和绝缘损坏等情况并及时处理；当电线穿过墙壁、地板等物体时，应加瓷套管予以隔离；电器设备在使用完毕后应切断电源。

7.4　盾构法隧道

7.4.1　盾构始发/到达风险

1. 风险因素分析

（1）盾构始发时发生栽头、左右姿态偏差等，会导致后续轴线位置偏离，对施工精度产生较大影响；

（2）盾构始发和到达时发生涌水涌砂；

2. 风险控制措施

（1）盾构机始发托架离掌子面距离不宜太大；

（2）反力架和始发架的设计应考虑不利荷载；

（3）设计和确保实施恰当的降水、回灌、止水帷幕等承压地下水治理措施；

（4）围护结构 SMW 工法桩中 H 型钢拔除不能过早；

（5）优化端头加固方案；

（6）在合适的时间进行注浆；

（7）始发前应检查洞门密封系统安装情况。

7.4.2　盾构机刀盘刀具出现故障风险

1. 风险因素分析

盾构机刀盘刀具是盾构机的主要开挖装置。在掘进过程中容易发生磨损或故障，造成掘进速度降低或中止。造成盾构机刀盘刀具出现故障的原因主要有：

（1）刀具迎土面、刀盘外圈硬化耐磨保护不足，在刀具有磨损迹象时，没有及时换刀；

（2）在石英含量高的砂砾岩等硬岩中掘进；

（3）泡沫入口少、泡沫管堵塞导致刀具缺少润滑；

（4）刀盘上未设先行刀，造成齿刀磨损快；

（5）超前注浆加固时水泥浆液灌入土舱导致刀盘开口堵塞，渣土不能顺利进入土舱；

（6）地下不明构筑物。

2. 风险控制要点

为了降低刀盘刀具的磨损，在盾构隧道施工中要考虑隧道沿线地质情况，针对性地对刀盘结构、刀具分布进行设计，在施工阶段要综合考虑和采取以下措施：

（1）对刀具、刀盘采取硬化耐磨措施，刀具有磨损迹象须及时换刀；

（2）在硬质岩层中掘进时应针对性调整刀盘构造和刀具分布设计，做好应急预案；

（3）设计盾构机时应设置足够泡沫入口，泡沫管堵塞时应及时疏通；

（4）设置先行刀；

（5）超前注浆加固工作应选择适当的时机和位置。

7.4.3 盾构开仓风险

1. 风险因素

开仓作业过程中存在着气体中毒、泥水喷涌、坍塌等风险，人员在高压下工作可能患减压病。

2. 风险控制要点

（1）开仓后先观察掌子面的稳定情况，经判断稳定后，再进入土仓作业；

（2）在作业过程中必须由专人负责掌子面稳定情况观察，一旦发现异常及时撤出施工人员，并关闭仓门，经观察，有坍塌发生时，在可能的情况下必须立即进行处理，若坍塌现象严重必须立即关闭仓门；

（3）带压进仓人员必须提前进行身体检查才允许进行带压作业；

（4）带压进仓前必须在盾构机前体、刀盘四周注浆加固使其能保住进仓作业环境的气压；

（5）进仓前先加压试验，气压大小根据作业地点土层埋深来定，气压能保持稳定方可进仓作业；

（6）带压进仓作业不得过长，先关土仓门，然后减压，减压时必须慢而稳。

7.4.4 盾构机吊装风险

1. 风险因素分析

（1）盾构吊装场地地基承载力不足；

（2）吊装时发生倾斜、折臂、脱钩、断绳等风险；

2. 风险控制要点

（1）施工前对施工区域进行检查保证场地承压能力达到要求；

（2）施工应对参加施工的机械、机具进行检查，特别是吊机的安全防范措施，确认其性能及状况处于良好状态。

7.4.5 盾构空推风险

1. 风险因素分析

（1）盾构机在空推时，不良的行进姿态可能会对管片拼装质量产生影响；

（2）盾构机到达空推段前，随着刀盘前方岩土逐渐减少，盾构机对前方岩体及矿山法段与盾构段接口位置的扰动也逐渐增加，到达部位可能发生失稳；

（3）盾构机在空推段内阻力较小，可能使管片之间挤压力达不到设计要求，从而造成密封性降低。

2. 风险控制要点

（1）应保证混凝土导台的施工精确度，确保盾构机行进姿态良好；

（2）盾构机在到达空推段前，应设定合适的掘进参数，保证顺利到达；

（3）在盾构机推进过程中需要在刀盘前堆积适量的豆粒石并不断补充，为盾构空推提供足够的反力。

7.4.6 盾构施工过程中穿越风险地质或复杂环境风险

1. 风险因素分析

（1）施工过程中，由于挖掘土体体积大于隧道所占体积，土体损失引起沉降；从而对既有建构筑物、管线等造成破坏；

（2）由于盾构推进过程中的挤压、扰动，使土体结构变化，发生固结，所导致的沉降，对既有建构筑物、管线等造成破坏。

2. 风险控制要点

（1）尽量避免超挖、欠挖导致地面沉降（隆起）；

（2）设定合理的推进速度、盾构推力、注浆压力和正面土压力；

(3) 及时注浆，避免注浆量不足；另一方面，也要避免注浆量过大劈裂土体造成地面冒浆；

(4) 控制盾构姿态，减少地层扰动；

(5) 建立隧道监控测量与超前地质预报联合分析；设定不良后果的应急补救措施。

7.4.7 泥水排送系统故障风险

1. 风险因素分析

随着软土地区盾构隧道施工越来越多，泥水平衡式盾构的使用也越来越普遍。泥水盾构排送管路出现故障时，可能导致舱内压力增大、地面冒浆等风险。造成泥水排送系统故障的原因主要有：

(1) 排浆管直径过小，石块、木块等造成管路堵塞；

(2) 结泥饼造成排浆管出口和过滤箱堵塞，舱压变化造成砂粒超量进入切削舱，引起地面沉降；

(3) 泥浆当中的岩块砾石崩断的刀具等在排浆管中高速流动过程中对泥浆泵产生冲击，使得泥浆泵被击穿。

2. 风险控制要点

(1) 在排浆管前设置沉淀槽或沉淀箱，安装竖向隔栅；

(2) 做好防结泥饼措施；排浆管发生堵管应及时处理；

(3) 对刀盘刀具应进行监控，发现刀具脱落及时进行处理。

7.4.8 在上软下硬地层中掘进中土体流失风险

1. 风险因素分析

在上软下硬地层中进行掘进时，可能造成土体流失、地面塌方等风险。在上软下硬地层中掘进的主要风险因素有：

（1）上软下硬地层导致刀具磨损速度快、推进速度慢，上部地层被扰动向下流失，导致地面发生塌陷；土舱压力上升导致螺旋输送机喷涌，使地面发生塌方；

（2）在掘进速度过快的情况下，盾构机出渣能力不够充分，土舱内土压、温度上升导致结泥饼。

2. 风险控制要点

在上软下硬地层中掘进，要注意：

（1）及时更换磨损刀具，对上部软土进行加固；

（2）发现出渣量多于正常时要及时采取措施；盾构掘进速度应根据盾构出渣能力制定。

7.4.9 盾尾注浆时发生错台、涌水、涌砂风险

1. 风险因素分析

在盾尾注浆时，如果注浆参数控制不当，可能造成盾尾击穿、管片错台和涌水涌砂等风险，盾尾注浆时的主要风险因素有：

（1）盾尾油脂注入不及时、注入量不足，导致漏水；

（2）盾尾注浆压力过大，导致盾尾击穿，产生涌水

涌砂；

（3）二次注浆压力过大，导到管片被压破裂，产生错台和涌水涌砂。

2. 风险控制要点

（1）及时注入足量盾尾油脂；

（2）设定合适注浆压力。

7.4.10 管片安装机构出现故障风险

1. 风险因素分析

在盾构管片安装过程中，油压动力系统、吊装头等可能会出现故障，影响工程的正常推进，严重时导致管片坠落等事故的发生，盾构管片安装机构的主要风险因素有：

（1）油压控制管路故障，使盾构安装机构失去动力；

（2）管片拼装时由于管片撞击，使吊装头断裂。

2. 风险控制要点

（1）对于管片安装器油压控制管路应定期检查和维修；

（2）拼装机管片就位速度不宜过快，以防管片相互撞击。

7.4.11 敞开式盾构在硬岩掘进中发生岩爆风险

1. 风险因素分析

敞开式盾构在硬岩掘进中发生岩爆的主要风险因素有：

（1）岩层地应力较高；

（2）掘进过程中发生应力集中。

2. 风险控制要点

（1）预报措施：在施工勘察阶段，确定可能发生岩爆的里程和部位；在施工过程中加强超前地质探测，预报岩爆发生的可能性及地应力大小；

（2）喷水软化围岩：对于轻微岩爆地段，利用盾构设备上的喷水系统，采取喷水软化围岩面；

（3）快速加固围岩：围岩一旦从护盾后露出，即利用锚杆、注浆等手段对围岩进行迅速的加固；

（4）应力释放：围岩从护盾后露出后，在拱部一定范围内施做部分应力释放短孔；

（5）应急支护：发生岩爆时，快速安装支护拱架，或采用喷射混凝土进行应急支护；

（6）紧急避险：岩爆非常剧烈时，应在危险范围以外躲避一段时间，待围岩应力释放，岩爆平静为止，再采取合适手段处理岩爆段。

7.5 暗挖法隧道

7.5.1 马头门开挖风险

1. 风险因素分析

由于马头门开挖改变了原结构的受力状态，如施工不当容易造成原结构的变形，增大地表的沉陷，严重时甚至引起结构破坏。

2. 风险控制要点

（1）开挖马头门后，应立刻施作洞口支撑格栅框架，必要时对马头门高度范围的土体进行超前加固，提高拱效应；

（2）开挖前对井壁进行加强，在马头门开挖上下方和有临时仰拱的位置密排钢架；在开挖横通道时临时仰拱位置密排的钢架和喷射混凝土不破除，开挖前竖井要先封底；必要时注浆进行壁后充填；

（3）为防止破除井壁后土体失稳，可根据情况，采用超前管棚或者和通道平行的单层或双层小导管注浆，必要时对土体进行环向注浆或上台阶全断面注浆；

（4）为承受马头门开挖后井筒对马头门的侧压力，在开挖前应在其横通道的初期支护周边外施工加固环；

（5）井壁破除应按通道的开挖顺序逐块破除，在上部开挖的井壁破除向前开挖一段距离后，再破除下部开挖的井壁，并向前开挖；

（6）横通道开挖一定距离（一般大于 10m）方可破除下部开挖的井壁进行下步开挖；

（7）横通道初期支护全部成环一定长度后方可拆除临时支撑；

（8）马头门开挖段井壁宜进行应力应变观测。

7.5.2 多导洞施工扣拱开挖风险

1. 风险因素分析

多导洞扣拱开挖时，可能发生掌子面坍塌的风险。

2. 风险控制要点

施工时拱部采用超前小导管注浆等加固，按照“管超前、严注浆；短进尺，强支护；早封闭，勤量测”的原则，超前支护，及时完成初期支护。

7.5.3 大断面临时支护拆除风险

1. 风险因素分析

（1）初支失稳可能引起隧道坍塌；

（2）支架缺少临边防护引起作业人员高处坠落；

（3）中隔壁破除掉的喷射混凝土从高处坠落造成坠物打击。

2. 风险控制要点

（1）控制临时支撑拆除范围，避免临时支撑拆除过快导致初期支护失稳；

（2）高处作业人员系安全带并高挂低用，穿防滑鞋，严禁酒后作业。作业平台顶满铺脚手板并固定牢固，平台周边安装牢固可靠的防护栏杆，设扶梯上下平台，作业时有人指挥，作业平台周围人员、机械不得停留；

（3）所有进洞管理人员和作业人员均需正确佩戴安全帽。风镐将破除混凝土解小，不得大块拆除，中隔壁喷射混凝土破除时，下方严禁行人和行车。

7.5.4 扩大段施工风险

1. 风险因素分析

扩大段开挖需向上挑顶，施工工序复杂，有坍塌的风险。

2. 风险控制要点

精确测出小断面与大断面之间的交界位置，采用逐步扩挖法扩大断面至下一断面，然后反向开挖渐变地段至要求的高度和宽度。反向开挖时做好施工超前支护。

7.5.5 仰挖施工风险

1. 风险因素分析

（1）土体容易因失稳而塌方，尤其是拱顶上方及两侧边墙易失稳坍塌；

（2）施工段仰角一般为26°~30°，人员上下及拱架格栅等初期支护材料运输比较困难，若防护和安全措施不到位，易引起人员和材料的滑落，造成不必要的伤害；

（3）由于存在仰角，施工通风不畅，且掌子面聚集热空气，作业环境易造成施工人员不适，引发安全事故，如长期处于该环境下，则容易引发职业病。

2. 风险控制要点

（1）扩大超前注浆范围，调整导洞开挖顺序，先进行上层洞室的开挖；

（2）仰挖施工时由于坡度较陡，已开挖完毕段需增加台阶方便人员上下，掌子面附近可采取小型可移动平台供作业人员使用，并加强通风管理，加大通风量，保证作业面位置有新鲜风供应。

7.5.6 钻爆法开挖风险

1. 风险因素分析

爆破震速过大。

2. 风险控制要点

控制爆破震速，重大风险源段应采用非爆破开挖方式以减少对围岩的扰动。

7.5.7 穿越风险地质或复杂环境风险

1. 风险因素分析

（1）隧道经过人工填土时处理不当；

（2）原有管线渗漏形成水囊，或原地层中含有暗河等含水构造；

2. 风险控制要点

勘察阶段应对地层中空洞、水囊等进行排查；施工过程中，应针对重大箱涵、暗河等可能富水地段采取打设超前探水孔等措施。

7.5.8 塌方事故风险

1. 风险因素分析

暗挖法隧道塌方的原因随着地区、项目以及施工条件的不同而各有不同，主要有下列风险因素：

（1）施工过程中监测项目不到位、监测数据没有及时处理；

（2）施工中设计变更未得到报告或计算的支持；

（3）隧道支护施工不符合要求；

（4）超前支护保护不到位；

（5）隧道拱部、洞壁、底部上出现岩溶地质；

（6）岩体中蕴含应变能，在开挖过程中释放产生岩爆，造成开挖面破坏；

（7）围岩面封闭不及时；

（8）开挖施工流程不合理；

（9）人力机械资源配置不合理。

2. 风险控制要点

（1）应制定工程测试数量、位置及相关程序的明确方案；建立隧道监控测量与超前地质预报联合分析；设定不良后果的应急补救措施；施工方应设置内部监督系统，并对实测措施进行分析；

（2）设计变更要经过设计充分勘察和验算后方能批准；

（3）应按照设计文件中针对人工填土段拟定的土体加固措施执行，对加固后土体进行检测确保满足设计文件要求，并控制开挖进尺，加强监控量测；

（4）应加强施工质量控制，确保初支钢架的加工平整度以及现场拼装质量，对钢架节点应螺栓连接并采用帮焊，确保节点可靠连接；

（5）勘察阶段应对地层中空洞、水囊等进行排查；施工过程中，应针对重大箱涵、暗河等可能富水地段采取打设超前探水孔等措施；

（6）按施工方案做好超前支护，加强超前注浆，控制开挖进尺等工作；

（7）加强支护，在岩溶洞穴部位的衬砌回填一定厚度的混凝土和浆砌片石；洞穴处于隧道底部时，可采取跨越等措施通过；

（8）在施工勘察阶段中确定可能发生岩爆的里程和部位。在施工过程中加强超前地质探测，预报岩爆发生的可能性及地应力大小。在开挖过程中采用短进尺，减少对围岩的扰动和应力集中的可能性。衬砌和支护工作紧跟开挖工序进行，减少岩层暴露时间，降低岩爆可能。对于危险地区，可打设超前钻孔转移隧道掌子面的高地应力或注水降低围岩表面张力，或通过岩壁切槽的方法释放应力。岩爆非常剧烈时，应在危险范围以外躲避一段时间，待围岩应力释放，岩爆平静为止，再采取合适手段处理岩爆段。

7.5.9 涌水、涌砂事故风险

1. 风险因素分析

发生在隧道工程浅埋暗挖法施工中涌水涌砂事故，一般是由于下列原因引起：

（1）原有管涵渗漏形成水囊，受到施工扰动后发生涌水；

（2）止水措施不到位，导致开挖面涌水冒砂。

2. 风险控制要点

（1）富水地区可采用超前探水孔将水囊内水体卸载，并采用超前导管对原有管涵下部进行加固；

（2）根据水文地质条件，制定适当的止水措施方案。

7.5.10 地下管线破坏事故风险

1. 风险因素分析

发生在隧道工程浅埋暗挖法施工中的地下管线破坏事故，一般是因为未对地下管线进行详细调查、盲目作业。

2. 风险控制要点

（1）工程项目建设单位应当向施工单位提供施工现场及与施工相关的城市地下管线资料；

（2）施工单位、勘察单位在施工、钻探前要对地下管线进行详细调查。并根据管线查询及调查结果，制定相应地下管线保护方案（措施）。必要时，与地下管线权属单位签署地下管线保护协议；

（3）工程项目监理单位应当审查施工组织设计或专项施工方案中涉及城市地下管线保护的技术措施。

附录A 风险评估报告格式

A. 0. 1 建筑工程施工质量安全风险评估报告格式要求如下：

1. 封面；

2. 目录；

3. 编制说明；

4. 正文；

（1）工程概况及编制依据；

（2）风险管理工作流程；

（3）风险识别与分析；

（4）风险评估与预控；

（5）风险跟踪与监测；

（6）风险预警与应急；

（7）评估结论与建议。

5. 附件及附录。

附录 B　动态风险跟踪表

B.0.1　动态风险跟踪表

动态风险跟踪主要记录已识别的风险清单中各个风险事件变化情况、风险事件表征值的变化情况和过程中采取的风险预控措施及落实时间，由项目实施单位的技术人员填写，见表 B.0.1。主要要求如下：

1. 初始状态主要记录风险事件开始跟踪时的状态，包括风险等级、风险表征形式、风险表征值（如果可量化）等信息。

2. 当前状态主要记录风险事件跟踪过程中的阶段状态，包括风险等级、风险表征形式、风险表征值（如果可量化）等信息。

3. 风险事件描述主要记录风险事件的发展情况、等级变化情况等信息。

4. 风险预警信号描述主要记录风险是否达到了预警指标、预警等级等信息。

5. 风险控制措施主要是指针对风险的变化情况、风险等级变化情况和预警等级情况采取的针对性的技术和管理措施要求。

表 B.0.1 动态风险跟踪表

风险事件		风险序号	
识别日期	年 月 日	最后监测日期	年 月 日
初始状态			
当前状态			
风险事件描述			
风险预警信号描述			
风险控制措施			
落实日期	年 月 日	责任人（签字）	

附录 C 风险管理工作月报

C.0.1 风险管理工作月报

风险管理工作月报主要记录本月度内工程进展情况、风险工作的回顾与总结、阶段建议和下个月度的风险管理重点，由项目实施单位的技术人员填写，见表 C.0.1。主要要求如下：

1. 工程进展情况主要记录本月工程的开展情况，完成的工程量。

2. 风险管理情况汇总主要记录本月的风险管理总体情况，包括风险跟踪情况和应急管理情况。

3. 风险管理情况建议主要记录针对本月的风险事件进行的相关风险管理工作的建议。

4. 风险管理落实情况主要记录本月风险管理建议和相关措施的落实情况。

5. 下月风险查勘重点主要记录根据目前工程进展情况和风险现状，明确下个月的重点管理风险事件。

表 C.0.1　风险管理工作月报

年　月　日——年　月　日　　第　期编号：

工程名称	
工程进展情况	
风险管理情况汇总	
风险管理情况建议	
风险管理落实情况	
下月风险查勘重点	

附录 D　风险管理总结报告格式

D. 0. 1　建筑工程施工质量安全风险管理总结报告的格式要求如下：

1. 第一部分：前言；

（1）项目名称；

（2）编制单位；

（3）编制人员名单；

（4）编制时间。

2. 第二部分：内容；

（1）建筑工程相关基础资料；

（2）工程概况和编制依据；

（3）项目风险管理策略；

（4）风险识别与分析情况；

（5）风险评估与预控情况；

（6）风险跟踪与监测情况；

（7）风险预警与应急情况；

（8）风险管理的效果与评价；

（9）存在问题与改进建议。

附录 E 风险分析方法

E.0.1 风险分析方法

建筑工程施工质量安全风险分析方法定义及适用范围一览表，见表 E.0.1。

表 E.0.1 风险分析方法一览表

分类	名称	方法定义	适用范围
定性分析方法	安全检查表法	运用安全系统工程的方法，发现系统以及设施设备、操作管理、施工工艺、组织措施等中的各种风险因素，列成表格进行分析	安全检查表法可适用于建筑工程的设计、验收、运行、管理阶段以及事故调查过程
	专家调查法（又称德尔斐法）	基于经验的方法，由分析人员列出风险事件、风险因素和风险后果，通过不同专家的意见汇总归纳，对识别和分析结果进行重新排序，进而确定风险事件、风险因素和风险后果的关联性，及其重要程度	它是在专家个人判断和专家会议方法的基础上发展起来的一种直观风险预测方法，特别适用于客观资料或数据缺乏情况下的长期预测，或其它方法难以进行的技术预测。适用于难以借助精确的分析技术但可依靠集体的经验判断进行风险分析。对于简单的问题，可能取得比较相同意见；对于复杂问题，可能存在专家之间不同的意见和分歧

续表

分类	名称	方法定义	适用范围
定量分析方法	故障树分析法	采用逻辑的方法，形象地进行危险的分析工作，特点是直观、明了，思路清晰，逻辑性强，可以做定性分析，也可以做定量分析	应用比较广，非常适用于重复性较大的系统。常用于直接经验较少的风险识别
综合分析方法	项目分解结构-风险分解结构风险分析法	通过定性分析和定量分析综合考虑风险影响和风险概率两方面的因素，对风险因素对项目的影响进行评估的方法	该方法可根据使用需求对风险等级划分进行修改，其使用不同的分析系统，但要有一定的工程经验和数据资料作依据。应用领域比较广，适用于任何工程的任何环节。但对于层次复杂的系统，要做进一步分析

附录F 风险评估方法

F.0.1 风险评估方法

建筑工程施工质量安全风险评估方法定义及适用范围一览表，见表F.0.1。

表F.0.1 风险评估方法一览表

名称	方法定义	适用范围
层次分析法	将一个复杂的多目标决策问题作为一个系统，将目标分解为多个目标或准则，进而分解为多指标（或准则、约束）的若干层次，通过定性指标模糊量化方法算出层次单排序（权数）和总排序，以作为目标（多指标）、多方案优化决策的系统方法	应用领域比较广阔，可以分析社会、经济以及科学管理领域中的问题。适用于任何领域的任何环节，但不适用于层次复杂的系统
蒙特卡罗法	又称统计模拟法、随机抽样技术，是一种随机模拟方法，以概率和统计理论方法为基础的一种计算方法，是使用随机数（或更常见的伪随机数）来解决很多计算问题的方法	比较适合在大中型项目中应用。优点是可以解决许多复杂的概率运算问题，以及适合于不允许进行真实试验的场合。对于那些费用高的项目或费时长的试验，具有很好的优越性。 一般只在进行较精细的系统分析时才使用，适用于问题比较复杂，要求精度较高的场合，特别是对少数可行方案进行精选比较时更有效

续表

名称	方法定义	适用范围
可靠度分析法	分析结构在规定的时间内、规定的条件下具备预定功能的安全概率的方法	适用于计算结构的可靠度指标，并可以对已建成的结构进行可靠度校核。该方法适用于对建筑结构设计进行安全风险分析
数值模拟法	采用数值计算软件对结构进行建模模拟，分析结构设计的受力与变形，并对结构进行风险评估	该方法适用于复杂结构的计算，判定结构设计与施工风险信息
模糊综合评价法	根据模糊数学的隶属度理论把定性评价转化为定量评价，即用模糊数学对受到多种因素制约的事物或对象做出一个总体的评价	结果清晰，系统性强，能较好地解决模糊的、难以量化的问题，适合各种非确定性问题的解决，能适用于任何系统的任何环节，适用性较广
神经网络法	一种模仿动物神经网络行为特征，进行分布式并行信息处理的算法数学模型。这种网络依靠系统的复杂程度，通过调整内部大量节点之间相互连接的关系，从而达到处理信息的目的	适用于预测问题，原因和结果的关系模糊的场合或模式识别及包含模糊信息的场合。 不一定非要得到最优解，主要是快速求得与之相接近的次优解的场合；组合数量非常多，实际求解几乎不可能的场合；对非线性很高的系统进行控制的场合

续表

名称	方法定义	适用范围
敏感性评估法	敏感性分析法是指从众多风险因素中找出对建筑工程安全指标有重要影响的敏感性因素，并分析、测算其对工程项目安全指标的影响程度和敏感性程度，进而判断项目承受风险能力的一种不确定性分析方法	用以分析工程项目安全性指标对各不确定性因素的敏感程度，找出敏感性因素及其最大变动幅度，据此判断项目承担风险的能力。 这种分析尚不能确定各种不确定性因素发生一定幅度的概率，因而其分析结论的准确性就会受到一定的影响
故障树法	采用逻辑的方法，形象地进行危险的分析工作，特点是直观、明了，思路清晰，逻辑性强，可以做定性分析，也可以做定量分析	应用比较广，非常适用于重复性较大的系统。常用于直接经验较少的风险识别
事件树法	一种按事故发展的时间顺序由初始事件开始推论可能的后果，从而进行危险源辨识的方法	该方法可以用来分析系统故障、设备失效、工艺异常、人为失误等，应用比较广泛，但不能分析平行产生的后果，不适用于详细分析
项目分解结构-风险分解结构风险评价矩阵法	通过定性分析和定量分析综合考虑风险影响和风险概率两方面的因素，对风险因素对项目的影响进行评估的方法	该方法可根据使用需求对风险等级划分进行修改，其使用不同的分析系统，但要有一定的工程经验和数据资料作依据。应用领域比较广，适用于任何工程的任何环节。但对于层次复杂的系统，要做进一步分析

续表

名称	方法定义	适用范围
贝叶斯网络评估法	贝叶斯网络是基于概率推理的数学模型，所谓概率推理就是通过一些变量的信息来获取其他的概率信息的过程，基于概率推理的贝叶斯网络分析法能解决不定性和不完整性问题	它对于解决复杂系统中的不确定性和关联性引起的风险有很大的优势